U0395704

格致方法·定量研究系列　吴晓刚　主编

定序因变量的 logistic 回归模型

[美] 安·A.奥康奈尔(Ann A.O'Connell) 著

赵亮员 译

SAGE Publications, Inc.

格致出版社　上海人民出版社

出版说明

　　由香港科技大学社会科学部吴晓刚教授主编的"格致方法·定量研究系列"丛书,精选了世界著名的SAGE出版社定量社会科学研究丛书,翻译成中文,起初集结成八册,于2011年出版。这套丛书自出版以来,受到广大读者特别是年轻一代社会科学工作者的热烈欢迎。为了给广大读者提供更多的方便和选择,该丛书经过修订和校正,于2012年以单行本的形式再次出版发行,共37本。我们衷心感谢广大读者的支持和建议。

　　随着与SAGE出版社合作的进一步深化,我们又从丛书中精选了三十多个品种,译成中文,以飨读者。丛书新增品种涵盖了更多的定量研究方法。我们希望本丛书单行本的继续出版能为推动国内社会科学定量研究的教学和研究作出一点贡献。

总 序

　　2003 年,我赴港工作,在香港科技大学社会科学部教授研究生的两门核心定量方法课程。香港科技大学社会科学部自创建以来,非常重视社会科学研究方法论的训练。我开设的第一门课"社会科学里的统计学"(Statistics for Social Science)为所有研究型硕士生和博士生的必修课,而第二门课"社会科学中的定量分析"为博士生的必修课(事实上,大部分硕士生在修完第一门课后都会继续选修第二门课)。我在讲授这两门课的时候,根据社会科学研究生的数理基础比较薄弱的特点,尽量避免复杂的数学公式推导,而用具体的例子,结合语言和图形,帮助学生理解统计的基本概念和模型。课程的重点放在如何应用定量分析模型研究社会实际问题上,即社会研究者主要为定量统计方法的"消费者"而非"生产者"。作为"消费者",学完这些课程后,我们一方面能够读懂、欣赏和评价别人在同行评议的刊物上发表的定量研究的文章;另一方面,也能在自己的研究中运用这些成熟的方法论技术。

　　上述两门课的内容,尽管在线性回归模型的内容上有少量重复,但各有侧重。"社会科学里的统计学"从介绍最基本的社会研究方法论和统计学原理开始,到多元线性回归模型结束,内容涵盖了描述性统计的基本方法、统计推论的原理、假设检验、列联表分析、方差和协方差分析、简单线性回归模型、多元线性回归模型,以及线性回归模型的假设和模型诊断。"社会科学中的定量分析"则介绍在经典线性回归模型的假设不成立的情况下的一些模型和方法,将重点放在因变量为定类数据的分析模型上,包括两分类的 logistic 回归模型、多分类 logistic 回归模型、定序 logistic 回归模型、条件 logistic 回归模型、多维列联表的对数线性和对数乘积模型、有关删节数据的模型、纵贯数据的分析模型,包括追踪研究和事件史的分析方法。这些模型在社会科学研究中有着更加广泛的应用。

　　修读过这些课程的香港科技大学的研究生,一直鼓励和支持我将两门课的讲稿结集出版,并帮助我将原来的英文课程讲稿译成了中文。但是,由于种种原因,这两本书拖了多年还没有完成。世界著名的出版社 SAGE 的"定量社会科学研究"丛书闻名遐迩,每本书都写得通俗易懂,与我的教学理念是相通的。当格致出版社向我提出从这套丛书中精选一批翻译,以飨中文读者时,我非常支持这个想法,因为这从某种程度上弥补了我的教科书未能出版的遗憾。

　　翻译是一件吃力不讨好的事。不但要有对中英文两种语言的精准把握能力,还要有对实质内容有较深的理解能力,而这套丛书涵盖的又恰恰是社会科学中技术性非常强的内容,只有语言能力是远远不能胜任的。在短短的一年时间里,我们组织了来自中国内地及香港、台湾地区的二十几位研究生参与了这项工程，他们当时大部分是香港科技大学的硕士和博士研究生，受过严格的社会科学统计方法的训练，也有来自美国等地对定量研究感兴趣的博士研究生。他们是香港科技大学社会科学部博士研究生蒋勤、李骏、盛智明、叶华、张卓妮、郑冰岛，硕士研究生贺光烨、李兰、林毓玲、肖东亮、辛济云、於嘉、余珊珊，应用社会经济研究中心研究员李俊秀；香港大学教育学院博士研究生洪岩璧；北京大学社会学系博士研究生李丁、赵亮员；中国人民大学人口学系讲师巫锡炜；中国台湾"中央"研究院社会学所助理研究员林宗弘；南京师范大学心理学系副教授陈陈；美国北卡罗来纳大学教堂山分校社会学系博士候选人姜念涛；美国加州大学洛杉矶分校社会学系博士研究生宋曦；哈佛大学社会学系博士研究生郭茂灿和周韵。

参与这项工作的许多译者目前都已经毕业，大多成为中国内地以及香港、台湾等地区高校和研究机构定量社会科学方法教学和研究的骨干。不少译者反映，翻译工作本身也是他们学习相关定量方法的有效途径。鉴于此，当格致出版社和 SAGE 出版社决定在"格致方法·定量研究系列"丛书中推出另外一批新品种时，香港科技大学社会科学部的研究生仍然是主要力量。特别值得一提的是，香港科技大学应用社会经济研究中心与上海大学社会学院自 2012 年夏季开始，在上海（夏季）和广州南沙（冬季）联合举办《应用社会科学研究方法研修班》，至今已经成功举办三届。研修课程设计体现"化整为零、循序渐进、中文教学、学以致用"的方针，吸引了一大批有志于从事定量社会科学研究的博士生和青年学者。他们中的不少人也参与了翻译和校对的工作。他们在繁忙的学习和研究之余,历经近两年的时间,完成了三十多本新书的翻译任务,使得"格致方法·定量研究系列"丛书更加丰富和完善。他们是:东南大学社会学系副教授洪岩璧,香港科技大学社会科学部博士研究生贺光烨、李忠路、王佳、王彦蓉、许多多,硕士研究生范新光、缪佳、武玲蔚、臧晓露、曾东林,原硕士研究生李兰,密歇根大学社会学系博士研究生王骁,纽约大学社会学系博士研究生温芳琪,牛津大学社会学系研究生周穆之,上海大学社会学院博士研究生陈伟等。

陈伟、范新光、贺光烨、洪岩璧、李忠路、缪佳、王佳、武玲蔚、许多多、曾东林、周穆之,以及香港科技大学社会科学部硕士研究生陈佳莹,上海大学社会学院硕士研究生梁海祥还协助主编做了大量的审校工作。格致出版社编辑高璇不遗余力地推动本丛书的继续出版,并且在这个过程中表现出极大的耐心和高度的专业精神。对他们付出的劳动,我在此致以诚挚的谢意。当然,每本书因本身内容和译者的行文风格有所差异,校对未免挂一漏万,术语的标准译法方面还有很大的改进空间。我们欢迎广大读者提出建设性的批评和建议,以便再版时修订。

我们希望本丛书的持续出版,能为进一步提升国内社会科学定量教学和研究水平作出一点贡献。

吴晓刚

于香港九龙清水湾

目 录

序

在过去 60 年中，logit 模型已经成为社会科学中最流行的统计方法。自从伦西斯·李克特（Rensis Likert）1932 年出版《态度测量的方法》（*A Technique for the Measurement of Attitudes*）以来，人们对人类态度的测量方法一直都在变化着。实际上，今天的任何社会调查都已将李克特类型的量表作为一种主要的方法。一个典型的李克特量表有五个类别（例如，非常不同意、同意、不知道、同意、非常同意），用以测量个体对问题的响应，尽管它在别的地方也许还有三到七个或更多的响应类别。如果我们将五个类别编码为从 1 到 5，那么我们可以用线性回归模型来估计李克特量表，这也是早些时候分析这样的数据时所采用的方法。然而，这种方法也存在诸多明显的问题。首先，经典线性回归假设连续因变量是距离相等的定序因变量类别（ordered response categories）。一个李克特类型的量表，或者任何其他的定序量表，虽然是定序的，但并不一定在类别间等距。其次，也许是更重要的，这样的量表所得出的分布不是经典线性回归所假定的数据呈现的正态分布。

为了分析定序数据的这种属性，也有其他的方法，经常使用的是列联表和对数线性模型的形式,具体可以参见:《定序数据分析》(*Analysis of Ordinal Data*),作者海德普兰德、莱恩和罗森塔尔(Hiderbrand,Laing,Rosenthal);《对数线性模型》(*Log-linear Models*),作者诺克和伯克(Knoke & Burke);《潜变量的对数线性模型》(*Loglinear Models With Latent Variables*),作者哈根纳斯(Hagenaars);《定序对数线性模型》(*Ordinal Log-Linear Models*),作者石井坤茨(Ishii-Kuntz);《列联表分析中的比数比》(*Odds Ratios in the Analysis of Contingency Tables*),作者鲁达斯(Rudas)。然而,这些方法都不在回归的框架下,而回归方法正是社会科学中广为人知且被广泛应用的量化方法。

安·A. 奥康奈尔的这本书填补了空白。即使有的著作也将定序因变量变量在 logit 模型中加以处理,但本书则完全通过呈现三种形式的因变量来集中关注该类 logit 模型,这些因变量抓住了响应的定序本质。本书以展示来自儿童早期追踪研究的实例开始,其中的主要因变量虽然不是李克特量表,但其对早期读写和算术熟练度的测量还是定序的。作者进而回顾了 logistic 回归,并接着呈现三个核心主题章节:累积或比例比数模型(cumulative or proportional odds model),连续比例模型(continuation ratio model)以及相邻类别模型(adjacent categories model)。与此同时,书中给出了 SAS® 和 SPSS® 的案例。尽管比例比数模型也许是三种方法中最常用的,但在结论部分,读者可以领会到关于替代方法尤其是什么时候使用替代方法的提示。

廖福挺

第 *1* 章

概　述

对于很多在教育和社会科学中的因变量,定序尺度提供了一种将可能的结果区分开来的简单且便捷的方法,而这些可能结果最好被看成是等级定序的(rank-orderd)。定序数据的主要特点,是指定给所测量变量的相继类别的数字代表的量级上的差异,或者"大于"或者"小于"的性质(Stevens,1946,1951)。一些定序数据的例子包括:对开放式答案或文字进行编码的一类题目,以及解决以能力改善为基础的答案的计算方案(例如,0 = 差,1 = 可以接受,2 = 优秀)。对比之下,名义水平的数据发生在数值用于通过认定类别之间简单的质的差别来测量一个变量的情况(例如,1 = 男性,或者 2 = 女性;所在学校的地理位置描述:1 = 乡村,2 = 城市,3 = 郊区,等等);名义变量没有定序数据的方向特征。另一方面,在定距或者定比水平尺度上测量的变量的确使用了表明定序数据"大于"或者"小于"属性的尺度值,但还保持了在尺度间相邻值距离均等或者间隔均等长度的属性。以摄氏尺度测量的温度是我们熟知的定距水平变量的例子。然而,定距水平的变量的零点相对主观,而非绝对。拥有所有定距尺度属性但也有真实零点的变量,被称为定比水平。例如,对一项任务的反应时间、重量以及距离等是熟悉的定比水平的变量。[1]

定序类别在将数字指派为代表贡献、建构或者行为的相继类别且有方向意义上的差异的研究情境下很常见。纳普（Knapp，1999）使用定序评级法，通过划分轻微的（1）、适中的（2）、严重的（3）尺度类别来评估疾病的严重程度。在纳普的研究中，归于疾病严重度类别的数字代表了逐渐增加的严重度，在这个意义上，"适中"比"轻微"更严重，而"严重"比"适中"更严重。赋予"严重"案例的数值并不是说"严重"是"轻微"的三倍严重程度，而是说"严重"的疾病严重度比"轻微"类别的疾病严重度要大，也比"适中"类别的那些要大。

用来代表进度上更严重的类别的数字选择很方便地保留了定义类别本身的"大于"或者"小于"的隐含属性。数字是对研究的属性进行建模，例如疾病的严重程度，并被用来保留类别的传递性；如果值（3）代表着比值（2）严重得多的状态，而值（2）又代表着比值（1）严重得多的状态，那么传递性的特征意味着值（3）代表的状态比值（1）代表的状态要严重得多（Cliff & Keats，2003；Krantz，Luce，Suppes & Tversky，1971）。

对定序尺度变量的测量是类似的。定序尺度在咨询服务和精神疗法中已经用于主观的概率或者可能性的判断中（例如，对从 1 ＝ "非常不可能"到 5 ＝ "非常可能"进行评分）（Ness，1995）。一个客户在经过治疗后的临床表现可以归类为：恶化（1）、没有变化（2）、改善（3）（Grissom，1994）。健康研究者经常使用五级尺度来描述健康相关行为的"改变阶段"，例如，戒烟、使用避孕套、运动行为、减肥努力（Hedeker & Mermelstein，1998；Plotnikoff，Blanchard，Hotz & Rhodes，2001；Prochaska & DiClemente，1983，1986；Prochaska，DiClemente & Norcross，1992）。在改变阶段模型中，朝着行为改变的意向或者行为通常通过以下阶段来测量:(1)意图前期(precontemplation);(2)意图期(contemplation);(3)准备期(preparation);(4)行动期(action)和(5)维持期(maintenance)。教师对在他们的教室里所实施的教育改革的关注体验也通过定序尺度来测量,它代表了关注的焦点从 1(自身)到 7(他人)(Hall & Hordes,1984;van den Berg,Sleegers,Geijsel & Vandeberghe,2000)。在童年早期教育中,早期读写能力的层次体的掌握指标会影响青少年儿童的读写熟练度,本质上可以通过定序来归类:(1)语音语韵觉识(phonemic awareness);(2)发音(phonics);(3)流利阅读(fluency);(4)词汇(vocabulary);(5)文本理解(text comprehensive)(早期阅读能力改善中心,Center for the Improvement of Early Reading Achievement,CIERA,2000)。

尽管定序结果可以是简单且有意义的,但对它们进行理想的统计处理对很多实证研究者而言仍然是一项挑战(Cliff,1996a;Clogg & Shihadeh,1994;Ishii-Kuntz,1994)。历史上,研究者对定序结果的分析依赖于两种非常不同的方法。一些研究者选择使用定序结果的参数模型,例如通过将定序结果作为至少定距水平的变量的多元线性回归,假设这些方法的稳健性克服了任何可能的解释问题。其他的研究者选择将定序变量严格地当做类别变量对待,并运用对数线性或非参数方法来理解数据。尽管两种策略在研究问题的基础上都能够说明问题,但它们都不是发展出定序结果的解释模型的最佳方法(Agresti,1989;Cliff,1996a;Clogg & Shihadeh,1994;O'Connell,2000),尤其是当分析的焦点是在这些定序分数的区分方面时。

第 1 节 | **本书的目的**

　　本书的目的是让实证研究者熟悉,尤其是让那些在教育和社会科学及行为科学领域的研究者们熟悉,忠实于结果测量实际水平的定序因变量的替代分析方法。本书讨论的例子是定序回归模型,它们是对二分响应数据的 logistic 模型的拓展。logistic 回归方法是在流行病学、医学和相关领域内稳固发展起来的,实际上,最近关于定序回归技术应用和发展的文献也大都出现在公共卫生研究领域内。很多这类统计或者比较研究的结果会在这里提到。教育和社会科学家通常也许不关注类似于流行病学或者医学研究者研究的变量,但是困扰这两个领域的模型的适用性问题,其大部分都可以从更广泛的统计文献中应用不同方法解决统计难题中了解到。

　　本书将呈现分析定序结果数据的三种方法,并通过例子进行描述。这些方法包括比例或累积比数模型(Proportional or Cumulative Odds model,以下简称 CO)(Agresti, 1996; Armstrong & Sloan, 1989; Long, 1997; McCullagh, 1980)、连续比例模型(Continuation Ratio model,以下简称 CR)(Armstrong & Sloan, 1989; D. R. Cox, 1972; Greenland, 1994)以及相邻类别模型(Adjacent Categories model,以下简

称 AC)(Agresti, 1989;Goodman, 1983)。此外,作者呈现了偏比例比数的例子(Peterson & Harrell,1990),并讨论了偏比例风险或者未约束的连续比数模型(Bender & Benner,2000;Cole & Ananth, 2001)作为比例比数或者连续比例模型的假设被违背情况下的替代分析。

定序 logit 模型可以看做二分结果的 logistic 回归的扩展,相应地,这些模型密切遵循 logistic 和普通最小二乘回归分析的方法和模型建构策略。作者决定关注定序结果的 logit 模型,是因为从这些模型中得到的概率和比数的解释较为直观。例如,这里呈现的方法的替代,包括安德森(Anderson,1984)的定型模型(stereotype model)、probit 回归模型,以及定序结果变量的结构方程模型的多分格相关(polychoric correlation)的应用。这些和其他定序数据分析的策略在黄(Huynh,2002)、布鲁雅(Borooah, 2002)、石井坤茨(Ishii-Kuntz, 1994)、廖(Liao, 1994)、梅纳德(Menard, 1995)以及乔约克和索邦(Jöreskog 和 Sorbom, 1996)的研究中都可以看到;大体上,关于定序变量的处理可以参考:朗(Long,1997)、克洛格和谢哈德(Clogg & Shihadeh, 1994)和阿格雷斯提(Agresti, 1989, 1996)的论著。

尽管累积比数模型是最常用的定序回归模型,但本书所考察的对于许多实证研究者,尤其是教育科学领域的研究者来说仍然显得陌生。作者所回顾的各个模型能够解决存在于定序结果研究中的独特问题,且这些问题通过将数据作为定距/定比或者严格的分类数据时并不能得到满意的结果。

第2节 | 软件和句法

　　这里使用 SAS® 和 SPSS® 统计软件来描述例子。在各个软件里，作者使用 SAS PROC LOGISTIC（升序或者降序选项），SAS PROC GENMOD，SAS PROC CATMOD，SPSS LOGISTIC REGRESSION，以及 SPSS PLUM 来运行不同的例子。本书的附录包括各个分析的句法，这些句法和数据都可以在作者的网站上找到：http://faculty. education. uconn. edu/epsy/aconnell/index. htm①。全书在必要的时候将会注明各种统计软件的局限、类似之处和差异。这里呈现的所有分析都假设儿童之间的独立。在本书最后一章，作者简要讨论了多层次数据的定序因变量的变量处理方法，这是一个迅速增长的领域，它由单层次数据的比例比数模型和一般多层次模型研究逻辑扩展而来。

　　作者在本书中主要使用 SAS 和 SPSS 来描述定序 logit 模型的概念和程序。另一个分类数据分析的全面的统计软件包，也包括定序数据分析的优秀模块是 Stata（Long & Freese，2003）。Stata 也包括能够促进对这里呈现的模型的进一步理解的做图能力。不论选择何种统计软件，本书中的模型描述都是适用的。

---

　　① 至翻译完成时该链接已失效，需要数据的读者可以向译者或者原出版社索取。——译者注

第 3 节 | **本书结构**

　　第 2 章描述了本书分析所使用的数据集。第 3 章包括对 logistic 回归分析的概要回顾,澄清了对于理解 logit 类型的定序回归模型而言相当重要的术语,这些术语包括:比数(odds)、比数比(odds ratios)、logits 以及模型拟合(model fit)。基于它们与 logistic 回归模型概念上的类似性,第 4 章到第 6 章依次描述了三个定序模型(CO、CR 和 AC)。对于这里呈现的每一个定序模型,都会解释模型和变量作用,并讨论模型拟合的评估和预测效率。第 4 章提供了与一般最小二乘多元回归之间的比较。最后,第 7 章回顾并概述了这里所研究的分析,并讨论了这些模型的一些扩展。各个分析的一些电脑输出也将包括在内。

　　本书中的数据都来自于儿童早期追踪研究——幼儿园同期群(Early Childhood Longitudinal Study-Kindergarten Cohort,ECLS-K),该研究跟踪了代表全国样本的幼儿园儿童的早期阅读和算术的进步情况,直到一年级结束(三年级的数据在 2004 年 3 月开放)。这里分析的数据是进入一年级时候的。ECLS-K 数据是由美国国家教育统计中心(NCES)执行的,也评估了学生早期读写、算术以及综合知识能力的熟练度,作为"石阶"(stepping-stones)系列的一部分,

能够反映形成今后学习基础的定序能力（West，Denton &
Germino-Hausken，2000）。所有的可供公众使用的一年级
数据库都可以从 NCES 处得到。[2]这里描述的例子推导仅是
为了阐明定序回归模型的技术和方法使用的目的，并不是为
了提供关于一年级儿童早期阅读成就的完整画面。有关儿
童早期阅读的影响因素的更多信息，可以参见例如斯诺、伯
恩斯及格里芬的著作（Snow，Burns & Griffin，1998）。

第 **2** 章

背景介绍：儿童早期追踪研究

第 1 节 | 儿童早期追踪研究概述

　　儿童早期追踪研究提供了一个一年级儿童的完整画面，包括他们的幼儿园经历、早期家庭经历及其老师和学校。ECLS-K 数据考察了识字、阅读以及算术能力。它包括一套对项目反应理论（Item-Response Theory，IRT）尺度的认知评估系列，是在全国层面样本学校的近两万名儿童中进行的。除了常模参照的连续 IRT 测量，ECLS-K 还包括标准参照学生的识字和算术熟练度，它通过学生对一系列问题群（包括五组、每组四道题目）的回答，来反映作为后续阅读和数学学习的基础。所得的结果分数可以用来在个体层次上对学生进行诊断，并找出针对个体的干预方向，在群体层次上，也可以用来建议针对处于不同熟练度层次的学生的可能干预方式。本书中所讨论的分析将集中在表示读写熟练度的标准参照分数上。

　　ECLS-K 评估工具中所呈现的早期读写熟练度的类别与已被界定的阅读熟练度的基石（building blocks）一致：语音语韵觉识理解代表口语发音的字母、发音（理解字母组合的发音）、流利阅读、词汇、文本理解（CIERA，2001）。隐含在读写发展背后的技能是有层级且互相依赖的；稍后的技能在之前的技能未得到发展之前是不大可能实现的。表 2.1 描述了

ECLS-K 所使用的熟练度类别。

表 2.1　ECLS-K 对早期读写测量的熟练度类别

熟练度类别	描　　　述
0	没有通过 1 级
1	能够认清大小写字母
2	能够将字母与单词开头的发音联系起来
3	能够将字母与单词末尾的发音联系起来
4	能够识别常见单词
5	能够阅读文本中的单词

资料来源:美国国家教育统计中心(NCES,2002)。

　　充分回答代表各个类别的题项群的能力被假设为服从古特曼模型(Guttman,1954;NCES,2000,2002);也就是说,掌握了一个层次即默认为掌握了所有之前的层次。在 ECLS-K 评估中,样本中的每个儿童都在各个题项群上得到一个通过或者失败的分数,这些题项群代表了熟练度水平(从 1 到 5),直到该儿童未能通过某题项群中四个问题中的三个。[3]对一个水平的掌握表明对所有之前水平的掌握;一旦儿童不能成功通过某题项群,则测试中止。[4]因此,在 ECLS-K 数据库中阅读熟练度有五个二分变量(C3RRPRF1 到 C3RRPRF5)。例如,如果一个儿童填过了读写水平 1 中四个问题中的三个和读写水平 2 中四个问题中的三个,则该儿童的 C3RRPRF1 和 C3RRPRF2 将会得到为 1 的值。如果还是该儿童,未能通过下一题项群(读写水平 3)中四个问题中的三个,则 C3RRPRF3 为 0,后续的水平也为 0。在本书的例子中,用五个表明熟练程度的二分变量来产生一个反映儿童对内容掌握情况的定序尺度的变量。在重新编码以获得一个定序变量后,假定一个学生得到表明他熟练程度的分值为 2,则表明他对内容的掌握已经达到 2 级。以这种方式,在 ECLS-K 样本中的每个儿童都得到一个单独的变量(pro-fread)以评估读写熟练度,该变量有六个可能的结果类别(从 0 级到 5 级)。该定序尺度得分为 0 时,表示该儿童没有取得代表熟练度 1 级的题项群的掌握程度。[5]

第 2 节 | **定序结果的实际重要性**

　　定序熟练度分数可以为研究者和教育学家揭示儿童在继续他们的小学求学过程中，在通往完全掌握读写能力的路上还有多远。将定序熟练度分数而非连续 IRT 尺度分数作为分析的兴趣变量，强调了熟练度评估在识别和选择学生以进行早期干预项目中所扮演的角色。这些分析可以给出一些在需要个性化的干预以满足特定学生需求的具体领域的建议。定序熟练度结果实际上是通常的定序变量，就它们把干预导向特定层次的熟练度方面而言，有着巨大的实用价值。对于班级中的老师或者阅读专家，熟练度分数也许比知道儿童的认知评估的 IRT 尺度分数为 55 分更有价值，也更具可解释性。根据班级或者学校的实际制定政策进行的干预，将会与成功获得读写技能的石阶相关联，对于个体的学生也比那些急于改善全局认知测试分数（基于教室、学校或者区的层次）的尝试更有效。

第 3 节 | **模型中的变量**

　　这里展示的分析中被选为解释变量与幼童的早期阅读能力相关联。ECLS-幼儿园同期群的初始数据概要表明：一些儿童在进入幼儿园时确实做了更多的学习准备，这使得他们在早期的学习阶段比同龄人更先一步（NCES，2000）。ECLS-K 研究已经展示了那些有着某些特征的入园儿童（生活在单亲家庭、生活在接受福利金或者食物券的家庭、母亲的教育水平低于高中，或者父母的主要语言不是英语）倾向于处于低的阅读技能风险中（Zill & West，2001）。与家庭相关的入园前的经历（如有父母为其阅读），进入学前班或者得到日间看护，以及个人特征（如性别）等，都与儿童在阅读中的初始熟练度相关，也与幼儿园及之后年级中儿童在技能和能力上的潜在增长相关。例如，通常入园的女孩比男孩具备稍好一些的阅读能力。关于儿童早期阅读成功失败的解释变量对于理解个体儿童如何处于阅读困难的问题有帮助。从政策和实践的角度看，很明显需要教师、学校当局、父母以及其他利益相关者意识到这些与早期熟练度相关的个体因素，从而发展出并支持能够促进所有儿童取得相对于他们一年级和入园时的技能更大成就的课程设置和教学实践。

　　关于解释变量的描述性统计结果在表 2.2 中给出。它

们包括 $gender$（性别），以男性的％呈现（0 ＝ 女性，1 ＝ 男性），$risknum$（家庭危险因素个数，从 0 到 4，包括住在单亲住户、住在接受福利金或食物券的家庭、母亲的教育低于高中，或者父母的主要语言不是英语），$famrisk$（表明家庭危险是否出现的二分变量，0 为无，1 为有或者说 $risknum$ 大于等于 1），$plreadbo$（在入园前经常有父母为其阅读书籍，从 1 到 4 打分，1 ＝ 从不，4 ＝ 每天），$noreadbo$（二分变量，0 表示父母为其阅读的频率从每周三次或以上到每天都会，1 表示每周阅读不到 1 次或者 2 次），$halfdayK$（儿童上的是半天还是全

表 2.2　进入一年级时的描述统计，$N = 3365$

| | Reading Proficiency Level（profread） | | | | | | |
	0 ($n=$ 67)	1 ($n=$ 278)	2 ($n=$ 594)	3 ($n=$ 1482)	4 ($n=$ 587)	5 ($n=$ 357)	Total ($N=$ 3365)
％$profread$	2.0％	8.3％	17.7％	44.0％	17.4％	10.6％	100％
％$male$	71.6％	58.6％	53.9％	49.6％	43.6％	42.3％	49.7％
$risknum$							
M	0.97	0.77	0.65	0.44	0.32	0.25	0.47
(SD)	(1.04)	(0.88)	(0.88)	(0.71)	(0.61)	(0.53)	(0.75)
％$famrisk$	58.2％	52.9％	43.8％	32.5％	25.9％	20.7％	34.3％
％$noreadbo$	38.8％	27.0％	21.7％	15.5％	13.1％	7.6％	16.7％
％$halfdayK$	43.3％	41.7％	46.3％	48.0％	40.7％	43.7％	45.3％
％$center$	71.6％	73.7％	71.0％	77.5％	78.7％	84.9％	76.9％
％$minority$	59.7％	58.3％	48.5％	33.3％	34.2％	33.9％	38.8％
$wksesl$							
M	−0.6133	−0.2705	−0.1234	0.149	0.2807	0.6148	0.1235
(SD)	(0.67)	(0.64)	(0.71)	(0.75)	(0.70)	(0.75)	(0.76)
$plageent$							
M	65.6	65.1	65.5	66.1	66.5	67.1	66.1
(SD)	(4.40)	(4.34)	(3.97)	(4.00)	(4.07)	(3.86)	(4.06)
％$public$	98.5％	93.5％	86.9％	76.7％	70.9％	61.9％	77.7％

天的幼儿园,0 = 否,即全天幼儿园,1 = 是,即半天幼儿园),*center*(入园前儿童是否上过基于中心的日间看护,0 = 否,1 = 是),*minority*(少数族裔,0 = 白人/高加索背景;1 = 少数族裔或任何其他的背景),*wksesl*(入园之前的家庭社会经济地位,连续尺度分数,均值为 0),以及 *plageent*(入园时儿童的年龄月数)。另外一个变量,*public*(儿童所上的学校类型,0 = 私立,1 = 公立)因为设计方面的担心,包括在描述中但没有包括在模型中。

ECLS-K 抽样方案设计要求对亚裔和太平洋岛国背景的儿童过度抽样,目前它包括三轮数据,分别在入园时、幼儿园年级结束时、一年级结束时各收集一次。三年级的数据在 2004 年春季发布。它还对 30%的进入一年级时的儿童子样本收集数据。本书所使用的数据都包括在 30%的一年级子样本中;在兴趣变量上没有缺失值的儿童,也是第一次的幼儿园就读者(没有留级生),并且留在与他们所就读的幼儿园同一所学校的一年级。考虑到本书的关注点及对亚裔/太平洋岛国裔的过度抽样,以及其他少数族裔的稀少,于是对这些例证模型生成一个种族/民族的二分变量,其分类是 1 = 少数群体,0 = 白人/高加索人。具有这些特征的儿童共来自 255 所学校(57 所私立,198 所公立)共 $n = 3365$ 人,平均每所学校 13 人。第 7 章将会介绍嵌套设计与定序结果数据分析的合并;所有其他的分析都假定学校之间的儿童是独立的。

第 **3** 章

背景：logistic 回归

第 1 节 │ logistic 回归概述

定序回归模型与二分结果的 logistic 模型紧密相关，所以作者先简要回顾一下 logistic 回归分析，以突出后面内容的类似性和差异性。其他 QASS 系列[①]以及其他作者（Cizek & Fitzgerald，1999；Hosmer & Lemeshow，1989，2000；Menard，1995，2000；Pampel，2000）已经深入讨论了 logistic 回归，所以这里仅探讨那些对本书稍后章节有重要作用的概念。

拟合定序回归模型的术语和估计策略是对那些在 logistic 回归中所使用的术语和估计策略的直接扩展。这些模型一起被定义为一般线性模型，由三个部分构成：

- 随机部分，这里因变量 Y 遵循指数族（exponential family）的某一分布，例如正态分布、二项式分布或者逆高斯分布；
- 线性部分，它描述了因变量 Y 的函数 Y' 是如何取决于一系列预测变量的；
- 关联函数，它描述了从因变量 Y 到 Y' 的转换（Fox，1997）。

---

① 指 SAGE 出版社的"社会科学的量化应用系列"丛书（Quantitative Application in the Social Science）。——译者注

　　恒等关联函数（identity link function）没有改变因变量，从而得到连续结果变量的广义线性模型，多元线性回归是熟悉的案例。logit 关联函数将结果变量转换成比数的自然对数形式（下面给出解释），这就得到 logistic 回归方程。

　　二分结果的 logistic 分析试图对事件的发生建模，并且估计自变量对这些比数的作用。一个事件的比数是简单地将事件发生的概率（称之为"成功"）与事件未发生的概率（称之为"失败"）相比得到的商。当成功的概率大于失败的概率时，比数就比 1 大；如果两个结果可能相等，比数则为 1；如果成功的概率小于失败的概率，则比数比 1 小。

　　对于上面描述的 ECLS-K 数据，假设我们感兴趣的是研究进入一年级时的儿童们取得阅读熟练度 5 级（常用字）。结果可以用二分描述：一个取得了 5 级熟练度的儿童（成功）或者没有（失败）。取得 5 级的比数通过在样本数据中将取得 5 级的概率（得分为 $Y = 1$）除以未能取得 5 级的概率（得分为 $Y = 0$）：

$$比数 = \frac{P(Y = 1)}{P(Y = 0)} = \frac{P(Y = 1)}{1 - P(Y = 1)}$$

　　为了检验自变量对比数的影响，例如性别或者年龄，我们构建了比数比，它将解释变量取不同值时的比数相比。例如，如果我们想比较男性（编为 $x = 1$）和女性（编为 $x = 0$）达到熟练度 5 级的比数，则用下面的比例计算：

$$比数比 = \frac{\dfrac{P(Y = 1 \mid x = 1)}{1 - P(Y = 1 \mid x = 1)}}{\dfrac{P(Y = 1 \mid x = 0)}{1 - P(Y = 1 \mid x = 0)}}$$

比数比的下界为 0 但是没有上界；也就是它们可以从 0 到无限大。比数比为 1 时表明解释变量对成功的比数没有作用，即男性成功的比数与女性成功的比数是一样的。小的比数比值（小于 1 的）表明成功分母中的 x 值（0 ＝ 女性）所代表的人群成功的比数比那些分子中（1 ＝ 男性）的更大的 x 值所代表的人群成功的比数更大。大于 1 的比数比的值反过来解释也成立。也就是说，男性处于熟练度 5 级的比数比女性的同一比数要大。自变量使用的编码的本质和类型在解释中很重要；在该例以至全书中，作者使用简单的虚拟或参照编码（simply dummy or referent coding）。其他分类自变量的编码方法可以改变模型中变量作用的解释；对 logistic 回归模型中定性数据类别化的替代方法的讨论可以参照霍斯默和莱默苏（Hosmer ＆ Lemeshow，2000）。

比数比是分类结果和一个自变量之间关联的测量，提供了"一个呈现出的结果如何随着讨论中的变量而变化的风险的明确指示"（Hosmer ＆ Lemeshow，1989：57）。尽管事件的概率可以直接通过线性概率模型来建模（例如，使用对二分[0，1]因变量的普通线性回归），但这样的方法会引起一些严重的解释问题。线性概率模型可能会得到[0，1]之外的不现实的概率预测，尤其是当自变量为连续变量时。此外，普通线性回归模型中通常的同方差性和误差正态性假设在结果变量为二分时也会违反，使得从这种方法中得到的结果的有效性受到质疑（Cizek ＆ Fitzgerald，1999；Ishii-Kuntz，1994；O'Connell，2000）。因而当结果为二分时，我们对比数建模，或者对比数的自然对数（底为 e）建模，称做 logit 分布。

这种对比数的简单转换有许多理想的特点。首先，它消除了内在于比数比估计中的偏态（Agresti，1996），该比数范围从 0 到无穷，其值为 1 时表明比数没有变化（no change in the odds）的虚无案例（null case）。logit 的范围从负无穷到正无穷，消除了比数比和概率的界限问题。转换模型在参数上是线性的，这意味着解释变量对比数的对数的作用是可加的。因此，模型很容易处理并允许相当直接地解释变量，还允许模型建构策略与普通线性回归中所使用的那些策略类似。

该过程可以扩展到包括更多的自变量。如果我们令 $\pi(Y = 1 \mid x_1, x_2, \cdots x_p) = \pi(\underline{x})$ 代表"成功"的概率，或者兴趣结果（例如，儿童处于熟练度 5 级），对于给定的有 p 个自变量的集合，logistic 模型可以写成：

$$\ln(Y') = \text{logit}[\pi(\underline{x})] = \ln\left(\frac{\pi(\underline{x})}{1 - \pi(\underline{x})}\right)$$

$$= \alpha + \beta_1 X_1 + \beta_2 X_2 + \cdots + \beta_p X_p$$

在该表达式中，Y' 仅是一种简便的方式，指转化过的结果变量的比数；而非直接预测 Y，我们预测的是 $Y = 1$ 的比数（的对数）。关联函数描述了将原始的 Y 与转化后的结果 $f(y) = \ln(Y') = \ln[\pi(\underline{x})/(1 - \pi(\underline{x}))]$ 相"关联"起来的过程，称为 logit 关联。解 $\pi(\underline{x})$ 我们则会得到 logistic 回归模型成功模型类似的方程式：

$$\pi(\underline{x}) = \frac{\exp(\alpha + \beta_1 X_1 + \beta_2 X_2 + \cdots + \beta_p X_p)}{1 + \exp(\alpha + \beta_1 X_1 + \beta_2 X_2 + \cdots + \beta_p X_p)}$$

$$= \frac{1}{1 + \exp[-(\alpha + \beta_1 X_1 + \beta_2 X_2 + \cdots + \beta_p X_p)]}$$

SPSS 和 SAS 之类的统计软件包提供模型中变量的截距

和回归参数(weights)的极大似然(ML)估计。极大似然估计
通过使用得到"'最好地'解释了观测数据的总体参数值"
(Johnson & Wichern, 1998：178)的迭代方法推导出来。这
些极大似然估计最大化了获得原始数据的可能性,而且因为
logistic 模型是通过一个对结果的非线性转化得到的,该方法
并不要求误差项的正态分布,而普通最小二乘估计要求这
样。似然(likelihood)代表了观测结果可以从一系列自变量
集中预测的概率。似然可以从 0 到 1 不等;似然对数(Log-
Likelihood,简称 LL)也从负无穷到 0 不等。将 LL 乘以—2
得到一个可以用来验证假设进而以比较不同模型为目的的
值(Hosmer & Lemeshow, 2000)。

第 2 节 ｜ 模型拟合的评估

　　评估一个拟合模型是否能够良好地再造观测数据的一种方法是，计算拟合模型的偏差（deviance）。偏差代表的是模型如何糟糕地再造了观测数据，它是通过将拟合模型与完美拟合模型——也称为饱和模型[6]——的似然相比较得到的。饱和模型的参数个数与自变量的值一样多；饱和模型的似然是 1，$-2LL$（饱和模型）是 0。因此，任何模型的"偏差"D_m 就等于 $-2LL$ 的值（Hosmer & Lemeshow，2000）。我们期望更好的模型拟合的"劣度"（poorness）降低（直到 0）。两个嵌套模型的拟合，模型 1 中的变量是模型 2 自变量的子集，可以通过比较它们偏差的差异：$G = D_{m1} - D_{m2}$。G 的量代表拟合的"优度"，对于大样本，G 服从近似的卡方分布，自由度等于模型 1 和模型 2 的参数个数之差。统计上显著的 G 值意味着模型 2 拟合的"劣度"要小于模型 1。

　　当模型 1 是虚无模型时，这个比较提供了一个综合检验（omnibus test）（假定是大样本属性且没有稀少的单元格），以检验拟合模型是否比虚无模型，或者是截距模型，更好地再造了观测数据。然而，它并没有告诉我们该模型与饱和模型，或者是完美模型相比表现如何。对于分类预测变量，SAS 通过皮尔森 χ^2 标准和偏差 χ^2 来检验 D_m（将拟合模型与饱和模型相比）。当模型中有连续解释变量时，这些办法都不再合适（Allison，1999；Hosmer & Lemeshow，2000）。当解释变量为分类变量时，这些测试可以在 SAS 的模型命令中通过使用"/aggregate scale＝none"选项来实现。

当小样本或者数据中有稀少单元格出现（当模型中包括了连续自变量时，这种情况经常发生）时，应该考虑替代的评估模型拟合的办法；一个通常的策略是 Hosmer-Lemeshow（H-L）检验（1989，2000）。H-L 检验在 SAS 中通过模型命令中的"/lackfit"选项来实现；在 SPSS 中，通过在打印语句中使用"goodfit"将会得到该检验。

H-L 检验在自变量（Independent Variables，IVs）是连续变量时表现很好，因为它在数据中直接处理协变量模式的数目。当自变量是连续变量时，本质上数据集中的每个观测都有一个可能的不同协变量模式。简言之，H-L 检验形成若干个基于样本估计概率的称之为"风险十分位数"（deciles of risk）的群体。在大多数情况下，形成 $g = 10$ 个群体，但也许会更少，这取决于不同协变量模式间估计概率的类似性。这些分位数的案例可以用来生成一个 $g \times 2$ 的观测到预期的频次表，以及该表的皮尔森 χ^2 系数（Hosmer & Lemeshow，1989，2000）。如果模型拟合良好，观测和预期频次之间应该保持一致，所以保留来自模型的在观测和预期频次间拟合良好的虚无假设。H-L 检验在一些文献中受到效能不够的批评（Allison，1999；Demaris，1992），但是依靠一个单独的检验表明模型充足性的做法本身是不应该鼓励的（Hosmer & Lemeshow，2000）。[7] 本章稍后将探讨包括关联测量和预测效率在内的更多策略。

第 3 节 ｜ **模型的解释**

通常，SPSS 对因变量中编码较高的值（如果结果编码为 0 或 1 的话则是 1）的比数对数进行建模，但是 SAS 默认的是对较低的响应值进行建模。结果变量为二分时，结果和自变量对比数的作用的解释不受"成功"与"失败"如何编码的决定的影响，因为这两种事件是互补的。例如，如果令"成功"的概率或者 p（达到熟练度 5 级）＝ 0.2。那么"失败"的概率或者 p（未能达到熟练度 5 级）＝ 1－0.2 ＝ 0.8。成功的比数是 0.25（0.2/0.8）。互补事件的比数，即未能达到熟练度 5 级，将是 1/0.25 或者 4.0（0.8/0.2）。因为对于因变量仅有两种可能结果，互补事件的比数就是该事件的倒数。当应用 logistic 转化时，我们可以看到取事件比数的对数与该事件的互补的比数的对数 [ln（4）＝＋ 1.3863] 有着相反的符号 [ln（0.25）＝－1.3863]，但是量级相同。在 logistic 回归模型中，将建模的结果的编码颠倒相当于考虑回归系数的方向和解释后与之相同的预测概率和解释。结果变量为二分时，在 SAS 命令中使用"降序"选项改变了默认方法并要求计算机对更高值的结果类别进行建模，即如果结果编码为 0 或 1 时，对标签 $Y = 1$ 的类别建模（或者结果编码为 1 时对类别 2 建模）。然而，定序因变量类别多于 2 个时，应用"降序"选项将会极大地改变模型,因此需要谨慎使用。第 4 章将会详细介绍对定序结果中该选项的使用。

对于 $j = 1$ 到 p 的自变量,多变量 logistic 模型的回归参数代表了 X_j 每增加一个单位时 logit 发生的变化。因为以比数而非比数对数的形式考虑变量作用更直观(回归参数是比数对数的形式),比数自身的信息通过将模型中变量的参数指数化得到[例如 $\exp(b_j)$]。回归参数的指数化形式就是比数比,而且在计算机运行中通常都报告。比数比可以直接解释为自变量对成功的比数的作用,而且比数的百分比变化可以通过使用以下公式计算得到:[100×(比数比−1)]。

自变量和结果变量之间的强烈关联通常可以以远大于 1 的比数比表现出来,不管方向如何。朗(Long,1997)将比数比称为"因素改变"(factor change)估计。对自变量一个单位的改变,相对应的比数比就是"成功"的比数预计将要改变的因素。比数比统计上的显著通常通过检验回归系数 β_j 是否在统计上显著不等于 0,其实现的方法有三种:Wald 检验、计分检验或者似然比检验。在 Wald 检验中,logistic 回归各个自变量作用的参数估计除以它对应的标准误,将其结果再平方就得到一个无作用的零假设下服从 1 个自由度的卡方分布的值。然而,在小样本中使用 Wald 统计量可能会成问题;同样,在包含多种数据模式的样本里,例如当自变量是连续的而非分类的;或者分类自变量的单元格稀少时(Jennings,1986;Menard,1995),使用 Wald 统计量都会有问题。SPSS和 SAS 针对拟合模型都会报告每个变量的 Wald 卡方统计量。

模型中一个自变量的贡献的计分检验取决于似然函数

的衍生品，而且在 SAS 和 SPSS 中都不能直接得到；然而，SPSS 的确在分段过程中使用计分检验，以决定变量何时进入还是离开一个发展中的模型（Hosmer & Lemeshow，2000）。似然比检验已经被看做是自变量对模型贡献的最可靠检验而被提倡，但在 SPSS 或者 SAS 中也没有直接提供。该测试可以很容易地通过一些简单但费时的编程实现，它涉及将嵌套模型间的偏差进行比较，也就是不含兴趣自变量的模型的偏差与包含它们的模型的偏差相比较。偏差的差别近似是 1 个自由度的卡方分布。因为本书的焦点是二分模型的发展和总体解释，作者选择了依靠 Wald 检验来评估解释变量的作用。然而，研究者还是需要意识到也存在该检验的替代方法。

第 4 节 | 关联的测量

　　尽管梅纳德（Menard，2000）和其他人（Borooah，2002；Demaris，1992；Long，1997）都指出，在研究者间关于哪个消减误差比例最有意义的问题上尚不能达成一致，但 logistic 回归中确有一些与来自熟悉的普通最小二乘回归的模型 R^2 的类似物，它们对告知自变量群体与结果之间的关联强度可能有用。对于 logit 类型的模型，似然比 R^2 值，R^2_L，似乎提供了多变量模型相对虚无模型（null model）（仅有截距）拟合度改善的最直观测量。R^2_L 是通过比较两个对数似然比得到的：$R^2_L = 1 - $ log-likelihood（模型）/log-likelihood（虚无）（Hosmer & Lemeshow，2000；Long，1997；McFadden，1973；Menard，2000）。它测量的是通过使用自变量集而得到的消减误差比例（对数似然比）（相对虚无模型）。也有其他关联强度的测量，但下面将只讨论几个。朗（Long，1997:102）写道："当拟合测量提供了一些信息时，它仅是部分的信息，因此必须放在激发该分析的理论背景、过去的研究以及考察的模型的参数估计的环境中进行考量。"感兴趣的读者可以参考梅纳德（Menard，2000）关于 logistic 回归的多种 R^2 使用的讨论，以及布鲁雅（Borooah，2002:19—23）的著作。黄（Huynh，2002）提供了这些情况的扩展——结果变量是定序而非二分的情况。

第 5 节 | logistic 回归

我们将使用一个简单的例子来描述以上的概念,同时也提供一个定序回归模型的扩展。我选取以上描述的原始 ECLS-K 数据的子集：$n = 702$ 个在一年级开始时落入熟练度 0,1 或者 5 级的儿童。表 3.1 提供了这个子样本根据性别划分的频次明细。两个结果间的子样本相当平衡。在接下来的数据分析中,男性被编码为"$x = 1$",女性被编为"$x = 0$",结果变量中处于类别 5 级的编为"$Y = 1$",而处于 0 或者 1 级的编为"$Y = 0$"。

表 3.1　分性别的熟练度(0,1 和 5)交互列表,$N = 702$

	$Y = 0$ (profread 类别为 0 或者 1)	$Y = 0$ (profread 类别为 5)	总计
男性 ($x = 1$)	211	151	362
女性 ($x = 0$)	134	206	340
总计	345	357	702

男性处于更高熟练度类别的比数可以通过将处于类别 5 的概率除以不处于类别 5 的概率而得到：

$$比数(类别 5 \mid 男性) = \frac{151/362}{211/362} = \frac{0.4171}{1 - 0.4171} = 0.7156$$

女性与之类似,处于熟练度类别 5 的比数可以由下式得到:

$$比数(类别 5 \mid 女性) = \frac{206/340}{134/340} = \frac{0.6059}{1 - 0.6059} = 1.537$$

从这两个值中,我们看到对于该子样本,男孩处于类别 0 或 1 而非类别 5 的概率要更大(分子小于 0.5),对于女孩,则相反(分子大于 0.5)。因此,男孩处于类别 5 的比数比女孩处于类别 5 的比数要小。两个比数相比就得到比数比,它提供了性别和处于类别 5 的比数之间关联的测量:

$$比数比 = \frac{比数(类别 5 \mid 男性)}{比数(类别 5 \mid 女性)} = \frac{0.7156}{1.537} = 0.466$$

0.466 的比数比告诉我们,对于子样本,男孩处于更高级别的比数是女孩处于类别 5 的比数的 0.466 倍,或者说不到一半。换一种说法,作为男孩把处于类别 5 的比数降低了 53.4%[100×(比数比-1)=-53.4]。相反,女孩处于类别 5 的比数是男孩的比数的 2.146 倍,或者说比男孩比数的两倍还多(1/0.466 = 2.146)。

在早些时候讨论的 logistic 回归模型中,概率转化为比数,比数再通过取自然对数转换为 logit。图 3.1 给出了使用 SPSSlogistic 回归得出的以上例子的 logistic 回归模型拟合的部分结果(附录 1 中的句法,A1 部分)。在该模型中,处于类别 5 中 Y 被编码为 1,否则为 0。解释变量,"性别"编码为男孩"1",女孩"0"。我们令 $\ln(Y')$ 代表 logit,或者比数对数。预测模型是 $\ln(Y') = 0.430 + (-0.765) \times 性别$。参数估计在图 3.1 的最后一部分"方程中的变量"得到。

当儿童是女孩时(性别 = 0),截距代表的是对比数的对

logistic 回归

Case Processing Summary

Unweighted Cases[a]		N	Percent
Selected Cases	Included in Analysis	702	100.0
	Missing Cases	0	0.0
	Total	702	100.0
Unselected Cases		0	0.0
Total		702	100.0

注：a. If weight is in effect，see classification table for the total number of cases.

Dependent Variable Encoding

Original Value	Internal Value
0.00	0
1.00	1

Block 1：Method＝Enter

Iteration History[a, b, c, d]

Iteration		−2 Log-likelihood	Coefficients	
			Constant	gender
Step 1	1	947.829	−0.755	
	2	947.825	−0.765	
	3	947.825	−0.765	

注：a. Method：Enter.

b. Constant is included in the model.

c. Initial −2 Log-Likelihood：972.974.

d. Estimation terminated at iteration number 3 because parameter estimates changed by less than 0.001.

Omnibus Tests of Model Coefficients

		Chi-Square	df	Sig.
Step 1	Step	25.149	1	0.000
	Block	25.149	1	0.000
	Model	25.149	1	0.000

Model Summary

Step	−2 Log-likelihood	Cox & Snell R Square	Nagelkerke R Square
1	947.825	0.035	0.047

Classification Table[a]

Observed			Predicted		
			CUMSP2		Percentage Correct
			0.00	1.00	
Step 1	CUMSP2	0.00	211	134	61.2
		1.00	151	206	57.7
	Overall Percantage				59.4

注:a. The cut value is 0.500.

Variables in the Equation

	B	S.E.	Wald	df	Sig.	Exp(B)	95.0% C.I. for EXP(B)	
							Lower	Upper
Step 1[a] Gender	−0.765	0.154	24.690	1	0.000	0.466		
Constant	0.430	0.111	15.014	1	0.000	1.537	0.344	0.629

注:a. Variable(s) entered on step 1: gender.

图 3.1　SPSSLogistic 回归案例的部分输出结果

数的预测,为 0.430。将该值指数化回比数,我们有 exp(0.430) = 1.537,它是以上所解出的女孩处于熟练度 5 级的比数。对于男孩(性别编码为 1),我们的模型预测变成:0.430 + (−0.765 × 1) = −0.335。将该结果指数化,得到 exp(−0.335) = 0.7153,这是(允许舍入误差)男孩处于熟练度 5 级的比数。最终,比数比(将舍入考虑进来)可以通过将性别的回归参数指数化得到, exp(−0.765) = 0.466。该值在"方程中的变量"表中最后一列给出,它正是由频次数据得出的比数比。它告诉我们男孩处于熟练度 5 级的比数是女孩比数的 0.466 倍。

对于诸多研究者,解释比数比比解释 logit 要容易些,但是 logit 也可以被直接解释。logistic 回归模型中性别的作用告诉我们,当性别的值变化一个单位时,预计 logit 将会发生的变化,在本例中则是从 0(女性)到 1(男性)。基于 Wald 标准,logit 模型中性别的作用统计上显著: Wald 的 $\chi_1^2 = 24.690$, $p < 0.000$。这意味着性别的估计斜率是 -0.765 且在统计上显著不等于 0,比数比 $= \exp(-0.765) = 0.466$ 因而统计上显著不等于 1。

在 SPSS 例子中,虚无模型的偏差通过图 3.1 的区块 1(Block 1)"迭代历史"的脚注: $D_0 = -2LL_0 = 972.974$ 而得到。仅包括性别变量的拟合模型的偏差是 $D_m = -2LL_m = 947.825$。这两个偏差的差异是 $G_m = 25.149$, $df = 1$, $p = 0.000$。该例的模型中仅包括一个变量时,性别作用的综合检验也是似然比检验(Wald χ^2 检验的替代)。在"模型系数的综合检验"部分得到的综合检验,意味着我们在性别包括进模型时在 $-2LL$ 中可以得到一个统计显著的减少。该缩减表明了一个可以通过似然比 R_L^2: $1-(D_m/D_0) = 0.0258$ 表示出来的削减偏差比例。在本例中,性别包括进模型后将虚无模型的偏差 ($D_0 = -2LL_0$) 减小了 2.58%。

SPSS 和 SAS 在它们的 logistic 回归过程中都不报告 R^2,但是如上所述,它可以很容易地通过从各自统计软件已有统计量中计算获得。两种统计软件都报告 logit 分析的 R^2 统计量的两种变式:Cox 和 Snell R^2(SAS 中报告为一般化的 R^2)

和 Nagelkerke R^2（SAS 中称做最大尺度的 R 平方）。Nagelkerke R^2 将 Cox 和 Snell R^2 的值重新调节以获得为 1 的界限。对于这些数据，图 3.1 中"模型概要"报告了 $R^2_{cs} = 0.035$ 和 $R^2_N = 0.047$。尽管综合检验在统计上显著，但没有一个 R^2 非常大，表明除性别之外的其他一些解释变量对理解儿童处于熟练度 5 级的可能性也许有用。梅纳德（Menard, 2000）探讨了若干将来自普通线性回归的熟悉的 R^2 一般化的尝试，但是他提倡将 R^2_L 作为已有虚拟 R^2（pseudo R^2's）中最有用的。

减小拟合评估中单个值的努力，如同各个虚拟 R^2 们所做的那样，在比较竞争（嵌套）模型时也许有些价值，但是这仅提供了一个"模型是否充分的粗略指标"（Long, 1997: 102）。模型充分度的考察可以通过评估观测分类结果再生成而得以增加，基于个体是否被预测为落入他或者她原始的结果 $Y = 0$ 或 $Y = 1$ 中。该预测效率的评估补充了来自于模型拟合检验和偏差统计缩减中的已有信息。一些拟合或者在观测与预测结果之间的对应的测量，受到在结果频次分布方面高度不均衡的数据的强烈影响，所以一项信息充分的决策最好是通过计算并比较若干不同测量而非仅依靠单独一个测量来做出的。

为了考察一个模型将个案正确归类的能力，分类是基于从模型中估计的概率，而且结果是与各个类别的观测频率进行比较。对于任一儿童，如果基于 logistic 模型的"成功"的概率大于 0.5，预测结果将会是 1；否则预测结果将会是 0（Hosmer & Lemeshow, 2000; Long, 1997）。SPSS 直接生成分类表，在区块 1 中"分类表格"（Classification Table）标题下。SAS 中可以要求生成预测概率（SPSS 中也一样）进而构建分类表格；观察附录 1 中 A1 和 A2 部分的句法，介绍了如何生成这些预测概率。尽管存在许多不同的分类统计量（Allison，1999；Gibbons，1993；Hosmer & Lemeshow，2000；Huynh，2002；Liebetrau，1983；Long，1997；Menard，1995，2000），但看起来其中一些也可以用到定序因变量上。它们包括 τ_{p}，即"根据分类的基准率来调整预期的误差个数"（Menard，1995：29），以及调整计数的 R^2 或者 R^2_{adjCount}（adjusted count R^2 or R^2_{adjCount}），它与古德曼—克鲁斯凯（Goodman-Kruskal）λ 系数的非对称形式类似（即当一个变量从其他一系列变量中预测时）；R^2_{adjCount} 调整了个案出于偶然而被指派到观测因变量（DV）模型类别的可能概率的原始百分比校正测量（Liebetrau，1983；Long，1997）。不幸的是，文献中即使同样的测量也经常有若干不同的名字，读者应该密切关注各种文章或者文本中不同的术语。例如，梅纳德（Menard，1995，2000）就把 R^2_{adjCount} 称为 λ_{p}。

　　霍斯默和莱默苏（Hosmer & Lemeshow，2000）指出，以观测和估计概率之间对应的方式的模型拟合通常比基于分类的拟合评估更可靠和有意义。它们建议分类统计可以用来作为其他测量的附属，而非一个模型质量的单独指标。以上所述，考察拟合充分性的多个标准都在这里的例子中得以描述和报告。

　　SAS 和 SPSS 都不直接提供 τ_{p} 和 λ_{p}（R^2_{adjCount}），但是它们可以通过分类表计算出来。为了得到 τ_{p}，首先需要得到 2×2 表格的误差期望个数，它是：

$$E(\mathrm{error}) = 2 \times \frac{f(Y=0) \times f(Y=1)}{n}$$

要求的关联的测量进而可以通过下式得到：

$$\tau_{\mathrm{p}} = \frac{E(\mathrm{errors}) \times O(\mathrm{errors})}{E(\mathrm{errors})}$$

观测误差是分类表的非对角线的元素。τ_{p} 的另一个不同方程式可以在梅纳德（Menard，2000）中找到；它对定序因变量模型也是合适的：

$$\tau_{\mathrm{p}} = 1 - \frac{\left(n - \sum_i f_{ii}\right)}{\sum_i \dfrac{f_i(n - f_i)}{n}}$$

这里 i 代表结果变量各个类别的指数，n 为样本规模，$f_{ii}=$ 正确预测的类别总和（在分类表的对角线上），$f_i =$ 类别 i 的观测频次。对于这些数据，$\tau_{\mathrm{p}} = 0.1878$，表示在调整了基准率（base rate）后，将仅使用性别作为模型的唯一预测指标的分类误差缩减了大约 19%。

为了得到分类表的 R^2_{adjCount} 或者 λ_{p}，按照朗（Long，1997）和梅纳德（Menard，2000）的方法使用下面的方程式：

$$\lambda_{\mathrm{p}} = 1 - \frac{n - \sum_i f_{ii}}{n - n_{\mathrm{mode}}} = \frac{\sum_i f_{ii} - n_{\mathrm{mode}}}{n - n_{\mathrm{mode}}}$$

这里 n_{mode} 是指结果变量的模态类别（modal category）中观测响应的频率（最大的行边际）。对于这些数据，当观测类别被作为因变量处理时，$\lambda_{\mathrm{p}} = 0.1739$。对于以上例子中建构的模型，一旦考虑因变量的边际分布的话，基于性别的预测熟练度类别属性（0，1 vs 5）则将误差减少了 17.4%。

SAS 在 LOGISTIC 过程中产生了若干关联的定序测量，可以用来补充虚拟 R^2 和由分类表格得到的预测效率统计量,例如 Somer's D,一个等级相关统计量(Cliff,1996；Lie-betrau,1983)。大部分的等级定序统计量是基于调和(con-cordant)与非调和(discordant)配对(pairs)的概念。"配对"是指将各个个案(个体)与每个数据集中的其他个案(不包括它本身)进行配对。对于样本量为 n 的样本,有 $n(n-1)/2$ 个可能的个体间配对。我们关心的是那些没有相同测量取值的配对;忽略那些在观测变量的取值上相同的配对。如果两个个案有不同的响应,观测值是 1 的个案的配对观测概率(基于模型而被归类到"成功")大于观测值是 0 的个案的配对观测概率,则称为调和配对;否则称为非调和配对。一个既不能归入调和亦不能归入非调和的配对(不同的响应)将被混淆(这在预测概率非常接近时可能发生;SAS 将预测概率按照 0.002 的间距长度进行类别化)(SAS,1997)。变量作用就是计算精确预测了不同结果的各个个体配对的方向的次数。Somer's D 也许是最广泛使用的现有的等级序列相关统计量:Somer's D ＝ (nc—nd)/t;这里 nc ＝ 调和配对的个数;nd ＝ 非调和配对的个数。使用 SAS 时,该例的Somer'D 是0.189,表示观测结果和预测概率间对应关系的强度。[8]

第 6 节 │ 比较统计软件间的结果

　　为了方便不同统计软件间 logistic 分析的应用和解释，同时也为了将我们的讨论导向定序结果的处理，我们对先前的模型也通过 SAS 的 LOGISTIC(升序和降序两种方法)和 SPSS PLUM(定序结果)来拟合。结果的概要在表 3.2 中给出(这些模型的句法在附录 1 中，从 A1—A4)。所有的模型都使用 logit 关联函数。

表 3.2　将二分结果的 SPSS、SAS 和 SPSS PLUM 的结果进行比较：
分性别的阅读熟练程度(0，1 vs 5)[a]，$N = 702$

	SPSS Logistic and SAS(descending)	SAS(ascending)	SPSS PLUM
Probability estimated	$P(y = 1)$	$P(y = 0)$	$P(Y \leqslant 0)$
Intercept	0.430	−0.430	0.335
gender＝1(male)	−0.765**	0.765**	0
gender＝0(female)			0.765**
Model fit			
−2LL(intercept only)	972.94	972.974	972.974[b]
−2LL(model)	947.825	947.825	947.825
$\chi_1^2(p)$	25.149(<0.0001)	25.149(<0.0001)	25.149(<0.0001)
Model predictions($\hat{p}$)			
Male	0.417	0.583	0.583
Female	0.606	0.394	0.394

　　注：a. 如果响应熟练度是 0 或者 1 的话，$Y = 0$；如果响应度是 5 的话，则 $Y = 1$。

　　b. 在 SPSS PLUM 的打印命令中使用"kernel"，可以求得似然的饱和值(full value)。

　　** $p < 0.01$。

　　观察表 3.2 中第 1 列的结果，注意到 SPSS 的 LOGISTIC REGRESSION 和 SAS 的 LOGISTIC 过程（降序）都是基于估计 $P(Y=1)$ 并拟合相同的模型，也即儿童的响应是熟练度 5 级的概率。这两个相同模型的概率预测可以通过先使用提供的估计来计算男孩和女孩的 logit，再将这些 logits 指数化以决定各个群体的比数，然后将这些比数转化成界定为"成功"的响应的概率 $p=$ [比数（成功）/（1+比数（成功）]。

　　第二个模型的结果在表 3.2 的第 3 列呈现，使用 SAS 的升序选项，简单地对儿童熟练度响应类别为 0 或者 1 的概率进行建模，而非对儿童响应类别为 5 的概率进行建模。注意，截距和性别作用的符号与那些第 2 列中的相反，但仍然是同样的量级。第 2 列和第 3 列中男孩的概率估计的总和等于 1，女孩的也类似。降序选项的 SAS（第 2 列）是对默认方法（升序，第 3 列）中的事件的互补（complementary of the event）进行建模。因此，用升序方法推导出来的概率是那些在使用 SAS 降序选项得到的概率的互补（complementary probabilities）。

　　使用 SPSS PLUM 的模型参数估计看起来与先前使用的方法很不一样，但是实际上概率估计与第 3 列中的那些（而且正因为如此，互补的法则可以用来得到第 2 列中的概率估计）是一样的。SPSS PLUM 是一款专门设计用来分析定序因变量变量的程序，参数估计的结果将不会与那些在 SPSS logistic 回归中得到的完全对应，尤其是在 SPSS PLUM 中估计的概率处于或者低于某特定结果值的响应的概率，即更小的响应代码时；比较而言，SPSS LOGISTIC 是对较高的结果值类别的概率进行建模。此外，SAS 将二分的和定序的响应都通过它的 LOGISTIC 过程来处理，SPSS PLUM 过程使用了一种与一般线性模型稍微不同的公式：$\ln(Y'_j) = \theta_j - \beta_1 X_1$。在该式中，下标 j 表示响应类别，X_1 是指单个因变量，性别。性别作用的估计是从截距中减去的。另一个 PLUM 的结果与那些在 SPSS 或者 SAS 中的 logistic 回归程序的重要区别是，PLUM 在内部设置分类预测变量的编码。在第四列中，性别作用的估计对应于性别 = 0，也即女性。所用的编码系统清晰地在输出结果中呈现（PLUM 和 SAS 的定序模型的输出结果的例子将在下一章呈现）。为了得到女孩处于（最多）熟练度 0 或 1 级的估计概率 $P(Y \leqslant 0)$，在本例中也等于 $P(Y = 0)$，因为没有小于 0 的响应，我们使用该估计来得到女孩的预测 logit 值（$0.335 - 0.765 = -0.43$），指数化这个结果以得到女孩处于（或者低于）$Y = 0$ 的比数 [$\exp(-0.43) = 0.65$]，然后再解出估计概率 [$0.65/(1 + 0.65) = 0.394$]。使用相同的过程以得到男孩处于（或者低于）类别 0 或 1 的估计概率，或者 $P(Y = 0)$。

　　除了 R^2_{cs} 和 R^2_N 之外，SPSS PLUM 还提供了 R^2_L，称为麦克法登的虚拟 R^2（Long，1997；Menard，2000）。为了得到 $-2LL$ 偏差统计量的必需值，必须在 SPSS PLUM 的"/print"命令中写明"kernel"选项，可以在附录 1 中的 A4 部分看到。

　　以上是关于 SAS 和 SPSS 如何处理二分结果的讨论及简单比较说明。尽管模型参数估计在表面上也许不同，但从模型估计中得出的结果预测概率，以及模型预测统计量来看，它们在软件和方法间是一致的。这些简单的例子也说明，分析者需要意识到，一旦选择某种统计软件，则预测的结果和分类自变量是如何整合进模型中的这一点很重要。方法和软件间的区别随着超过二分案例的定序因变量类别的增加而变得更加重要。

第 **4** 章

定序结果的累积（比例）比数模型

第 1 节 | 累积比数模型概述

对于仅有两个类别的结果变量，logistic 回归被用来对其中之一的结果进行建模，通常称之为"成功"，作为一系列自变量的函数。兴趣响应的估计概率，P（成功）及其互补，$1-P$（失败），可以通过第三章中所示的例子用 logit 预测模型来得到。当一个结果变量的可能响应由多于两个的类别组成并且本质上是定序的时候，"成功"的概念可以由许多不同的方式构成。定序因变量的回归模型正是为这种情形设计，而且是二分的 logistic 回归模型的扩展。拟合定序回归模型的复杂性部分来自于如何才算"成功"以及对"成功"的后续概率构造模型有多种不同的可能性。

例如，给定 K 水平的定序变量，例如在 ECLS-K 研究（表 2.1）中的早期阅读熟练度 $K=6$ 的，我们可以得到若干不同的"成功"代表，这取决于如何看待数据。总体而言，K 个水平的定序数据可以被 $K-1$ 个"成功"切割点分割（Fox，1997；McCullagh & Nelder，1983）。当然，成功是相对项；通常，它指定了我们关注的事件。例如，"成功"也许被定义为有儿童在熟练度上得分为"0"类，即那些不能识别大写或者小写字母的儿童。在数据的这种分割下，我们的兴趣在于找出那些与处于该最低类别的可能性增加相关联的因素，而非那些高于 0

的类别,从 1 级到 5 级。也许有某些儿童的、家庭的或者学校的有害特点与处于最低类别的可能性增加相关联。对于这些解释变量,我们计算的是处于(或者低于)类别 0 的比数。

接下来我们将"成功"设想为由处于或者低于类别 1 的事件组成;我们对这种数据划分的兴趣在于找出相对于超过最低阶段的可能性(处于类别 2 到 5)而处于类别 0 或 1 的更大可能性相关联的因素。我们可以继续以这种累积方式描述数据,即将"成功"最终概念化为处于或者低于类别 K,这当然会一直发生。因此,数据的最后分割或者区分不再必要。使用该累积过程,在有 $K = 6$ 个定序因变量类别的情形下,我们可以有关于数据的 $K - 1$ 或者五个不同的可能"成功"事件。

模拟这种二分化结果的方法,以相继的二分化形式形成数据的累积"分割"的分析,被称为比例或者累积比数(CO)(Agresti, 1996;Armstrong & Sloan, 1989;Long, 1997;McCullagh, 1980;McCullagh & Nelder, 1983)。这的确是将数据相继地区分成二分群组的一种方法,同时仍然利用了响应变量的顺序。该方法的定序本质是如此具有吸引力,因为它具有 logistic 回归的简洁性。如果一个单独的模型可以用来估计在所有的累积分割间处于或者低于某给定类别的比数的话,则该模型将会提供比对应于以上描述的顺序分割的数据的 $K - 1$ 个不同的 logistic 回归模型拟合大得多的简洁性。累积比例模型的目标是同时考虑一系列自变量在这些可能的相继累积分割的数据中的作用。然而,也有其他的方法定义"成功"。每种用于定序回归的不同方法都以截然不同的方式将数据区分,因此它们提出的研究问题也是不同的。数据如何分割以对应累积比例模型的概念,以及本书中将要讨论的用于拟合定序回归模型的其他两种方法——连续比例（CR）模型和相邻类别（AC）模型，都在表 4.1 的提示列中呈现。后两种方法将在后面的章节里详细讨论。本章集中讨论 CO 模型。

当应用定序回归模型时，可以从数据中得出一个简化的假设，即比例的或者平行的比数假设。该假设是指在表 4.1 中呈现的各个模型的类别（CO，CR，AC）的解释变量对比数有相同的作用，而不管数据的不同相继分割是怎样的。例如，如果用一系列对应于以上描述的 CO 模型的单个的二分 logistic 回归来拟合数据的话，平行性的假设意味着我们会观察到一个变量在所有的回归中具有共同的比数比（或者作用）；即假设一个自变量对比数的作用在对应的分割间是不变的（Agresti，1989；Brant，1990；Menard，1995；Peterson & Harrell，1990）。因此，一个模型就将足够描述定序因变量和一系列解释变量之间的关系。

SAS 和 SPSS 都在他们的定序回归过程中提供比例比数假设的计分检验，但是这个比例综合测试的功效不够强大且不够保守（anticonservative）（Peterson & Harrell，1990）。测试几乎都得到非常小的 p 值，尤其是当解释变量的个数很多（Brant，1990），样本量很大（Allison，1999；Clogg & Shihadeh，1994）或者在连续的解释变量被纳入模型（Allison，1999）时。因此，仅基于计分检验而得出拒绝比数比例性假设的结论要很谨慎，拒绝考察中的特定定序模型的平行性（比例比数）假设，意味着至少有一个解释变量也许在结果的各水平上有不同的作用，也就是说，存在着在一个或者更多个自变量与从数据中推导出的分割之间的交互项（Armstrong & Sloan，1989；

Peterson & Harrell，1990)。问题的关键是能够找出哪个
(或哪些)变量对于拒绝总体检验起作用。

　　一个考察自变量作用在累积 logit 中是否相对稳定的合理策略，是比较所考察的对应于定序模型(表 4.1 所示)的各个单独 logistic 回归模型间的变量作用。尽管简化比例性假设在对数据拟合总体模型时也许有用，但推荐的做法是，研究者应当检验隐含的二分模型以辅助关于定序方法适合性的决定(Brant，1990；Clogg & Shihadeh，1994；Long，1997；O'Connell，2000)。在对应的单独 logistic 模型拟合中，非正式的斜率比较提供了关于数据平行性可信度方面的支持信息。本章稍后将介绍一种对一些解释变量放宽比例比数假设的方法，如偏比例比数(Partial Proportional Odds，PPO)模型(Ananth & Kleinbaum，1997；Koch，Amara & Singer，1995；Peterson & Harrell，1990)。

表 4.1　与三种不同定序模型方法相关联的类别比较，基于一个六水平的定序结果($j = 0，1，2，3，4，5$)

累积比数(升序) $P(Y \leqslant j)$	累积比数(降序) $P(Y \geqslant j)$	连续比例 $P(Y > j \mid Y \geqslant j)$	相邻类别 $P(Y = j+1 \mid Y = j$ 或 $Y = j+1)$
类别 0 相对所有之上的类别	类别 5 相对所有之下的类别	类别 1 到 5 相对类别 0	类别 1 相对类别 0
类别 0 和 1 的组合相对所有之上的类别	类别 5，4 相对所有之下的类别	类别 2 到 5 相对类别 1	类别 2 相对类别 1
类别 0，1 和 2 的组合相对所有之上的类别	类别 5，4 和 3 相对所有之下的类别	类别 3 到 5 相对类别 2	类别 3 相对类别 2
类别 0，1，2 和 3 的组合相对所有之上的类别	类别 5，4，3 和 2 相对所有之下的类别	类别 4 到 5 相对类别 3	类别 4 相对类别 3
类别 0，1，2，3 和 4 的组合相对类别 5	类别 5，4，3，2 和 1 相对类别 0	类别 5 相对类别 4	类别 5 相对类别 4

第 2 节 | 单个解释变量的 累积比数模型

为了描述累积比数模型的使用,作者从拟合仅有一个类别解释变量——性别的简单模型开始。表 4.2 给出了男孩和女孩分别在五个早期阅读熟练度类别中的频次。数据在熟练度类别的分布上不平衡,大部分的儿童,无论男女,都落在熟练度 3 级内。数据的该特性在决定采用定序 logit 模型(CO, CR, AC 或者其他)时是一个重要的考虑因素;然而,为了教学的目的,我们在这里先忽略该数据的特性,然后在描述完全不同的定序模型后再检验它的影响。

累积比数模型用来预测处于或者低于某特定类别的比数。因为有 K 个可能的定序结果,模型实际上做出 $K-1$ 个预测,每个对应于相继类别间的累积概率。如果我们令 $\pi(Y \leqslant j \mid x_1, x_2, \cdots, x_p) = \pi_j(\underline{x})$,代表某响应落入小于或者等于 j 类的类别里($j = 1, 2, \cdots, K-1$),于是我们得到每一个个案的累积概率集合。最终类别的累积概率一直是 1(注意,在 ECLS-K 数据里,作者使用 0 指代第一类,$K =$ 第6 类指熟练度 5 级)。通过一般 logistic 回归模型的扩展,累积概率的 logit 预测,被称为累积 logits,如下所示:

$$\ln(Y'_j) = \ln\left(\frac{\pi_i(\underline{x})}{1-\pi_i(\underline{x})}\right) = \alpha_j + (\beta_1 X_1 + \beta_2 X_2 + \cdots \beta_p X_p)$$

可以将与处于或者低于某特定类别 j 相关联的累积 logits 指数化,以得到累积比数的估计并用来计算与处于或者低于类别 j 相关联的累积概率。

表 4.2 也以男孩女孩处于或者低于类别 j 的实际概率 (p),累积概率(cp)和累积比数(CO)的形式反映了 ECLS-K 数据的交互表。粗体行包括了这些数据的关联比数比(男孩对女孩)。最后两行提供了不分性别的累积比例 $P(Y_i < 类别 j)$。从表格中我们发现,随着因变量取值的增加,处于或者低于任意特定类别的比数也在增加。这在直观上说得过去,因为在样本中很少有儿童处于最高的类别里;儿童更有可能处于或者低于某给定类别而非超过该类别。总体来说,样本

表 4.2　性别与无核熟练度类别的交互分类观察数据:频次(f),比例(p),累积比例(cp),累积比数[a](co)以及比数比(OR)

类别	0	1	2	3	4	5	总计(f)
男性							
f	48	163	320	735	256	151	1673
p	0.0278	0.0974	0.1913	0.4393	0.1530	0.0903	1.000
cp	0.0278	0.1261	0.3174	0.7567	0.9097	1.000	—
co	0.0295	0.1443	0.4650	3.110	10.074	—	—
女性							
f	19	115	274	747	331	206	1692
p	0.0112	0.068	0.1619	0.4415	0.1956	0.1217	1.000
cp	0.0112	0.0792	0.2411	0.6826	0.8782	0.9999	—
co	0.0113	0.086	0.3177	2.1506	7.21	—	—
OR	**2.6106**	**1.6779**	**1.4636**	**1.446**	**1.3972**	—	—
总计(f)	67	278	594	1482	587	357	3365
cp_{total}	0.0199	0.1025	0.279	0.7195	0.8939	1.000	

注:a. 累积比数 = 比数($Y_i \leqslant$ 类别 j)。

中男孩的比数大于女孩的比数,因为从比例上来讲,样本中的男孩比女孩一年级测试开始达到更高类别的比例更小。比数比让这种模式更清晰。男孩处于或者低于某特定类别的比数大约在 1.72(平均值)。在一年级开始时的熟练度定序测量中,趋势是女孩更有可能超过男孩。

与第 3 章中的例子类似,作者准备呈现使用三种不同的方法拟合一个变量的简单 CO 模型的结果:SAS 的 logistic 过程、SAS"降序"的 logistic 过程以及 SPSS 的 PLUM(所有模型的句法在附录 B 部分提供)。表 4.1 给出了简单的一个变量累积比数模型的 SAS 输出结果(以默认的"升序"选项)。累积比数模型的合适关联函数是 logit 关联。CO 模型的另外两种方法的句法在 B2 和 B3 部分。尽管当需要 CO 模型时,从预测的角度讲这些方法在本质上是相同的,但在 CR 和 AC 定序回归模型中不一定如此。在以最简单的 CO 模型案例开始时,明白程序和方法间的类似和差别很重要。

在使用 SAS(升序)的情况下,比数是基于较低次序类别的累积,即关联的预测累积概率对应于表 4.1 中第一列的模式。SAS 估计的是 $P(Y \leqslant$ 类别 $j)$,对于这些数据是 $P(Y \leqslant 0)$, $P(Y \leqslant 1)$, $P(Y \leqslant 2)$, $P(Y \leqslant 3)$, $P(Y \leqslant 4)$,当然最终的类别是 $P(Y \leqslant 5) = 1.0$(通常不包括在这些分析的输出结果上)。一个可靠的 CO 模型能够重新得到从表 4.2 的数据中得出的累积比数和累积概率。

在这些模型里,性别对于女孩来说编为 0 而男孩编为 1。观察图 4.1 中提供的输出结果,我们可以看到比例比假设对这些数据是成立的(比例比数假设的计分检验), $\chi_4^2 = 5.3956$, $p = 0.2491$。我们可以总结说:性别的作用在数据的五个分割间统计上差异不显著;这表明如果用五个单独的二分 logistic 模型来拟合表 4.1 中对应的模式,则各个模型中性别的斜率(以及比数比)都将类似。因此,性别的比数比可以仅通过一个模型来同时估计。因为性别是这里唯一包含的模型,结果也告诉我们表 4.2 中的五个比数比在统计上差别不显著,一个共同的比数比可以用来概括性别对熟练度的影响。

虚拟 R^2 统计量在输出结果的"模型拟合统计量"(model fit statistics)中可以得到(图 4.1),在"logistic 过程"(the LOGISTIC procedure)线以下,Cox and Snell $R^2_{cs} = 0.0110$,并且 Nagelkerke(SAS 中称做最大尺度的 R 平方) $R^2_N = 0.0116$。似然比 $R^2_L = 0.0037$ 可以通过使用仅含截距的模型的 $-2LL$ 统计量加上概要表里"模型拟合统计量"中的模型协变量信息得到。从总体上看,这些 R^2 统计量表明因变量和解释变量之间的关系很微弱。然而,模型整体拟合的检验("检验全局虚无假设")在统计上全部显著,而它是用来评估拟合模型相对虚无(截距模型)模型是否改善了预测,所以我们拒绝虚无模型而支持含有性别作为预测变量的模型。尽管虚拟 R^2 很低,似然比检验表明从模型中预测得到的男孩和女孩的累积比例模式(见表 4.3,稍后解释它们)比我们所期望的不考虑性别的(表 4.2 最后一行)累积比例提供了比实际中男孩女孩的累积比例(见表 4.2)更好的配对。简单 CO 模型清楚表明了这些比例在男孩女孩间是如何不同的。

输出结果的下一部分(图 4.1)包括"极大似然估计的分析",一个含五个截距的表格,被称为阈值参数(threshold parameters):$K-1$ 个切割点各一个。把这些阈值看成儿童有

The LOGISTIC Procedure

Model Information

Data Set	WORK. GONOMISS
Response Variable	PROFREAD
Number of Response Levels	6
Number of Observations	3365
Model	cumulative logit
Optimization Technique	Fisher's scoring

Response Profile

Ordered Value	PROFREAD	Total Frequency
1	0.00	67
2	1.00	278
3	2.00	594
4	3.00	1482
5	4.00	587
6	5.00	357

Probabilities modeled are cumulated
over the lower Ordered Values.

Model Convergence Status

Convergence criterion(GCONV=1E−8) satisfied.

Score Test for the Proportional Odds Assumption

Chi-Square	DF	Pr > ChiSq
5.3956	4	0.2491

Model Fit Statistics

Criterion	Intercept OnlY	Intercept and Covariates
AIC	10063.980	10028.591
SC	10094.586	10065.319
−2 Log L	10053.980	10016.591

The LOGISTIC Procedure

R-Square   0.0110   Max-rescaled R-Square   0.0116

Testing Global Null Hypothesis: BETA=0

Test	Chi-Square	DF	Pr > ChiSq
Likelihood Ratio	37.3884	1	< 0.0001
Score	37.2553	1	< 0.0001
Wald	37.2060	1	< 0.0001

Analysis of Maximum Likelihood Estimates

Parameter	DF	Estimate	Standard Error	Wald Chi-square	Pr > ChiSq
Intercept 0.00	1	−4.1049	0.1284	1022.263	< 0.0001
Intercept 1.00	1	−2.3739	0.0667	1266.52	< 0.0001
Intercept 2.00	1	−1.1474	0.051	505.4293	< 0.0001
Intercept 3.00	1	0.759	0.0485	245.3247	< 0.0001
Intercept 4.00	1	1.9545	0.0627	971.9783	< 0.0001
GENDER	1	0.3859	0.0633	37.206	< 0.0001

Odds Ratio Estimates

Point 95% Wald

Effect	Estimate	Confidence	Limits
GENDER	1.471	1.299	1.665

Association of Predicted Probabilities
and Observed Responses

Percent Concordant	29	Somers's D	0.079
Percent Discordant	21.1	Gamma	0.159
Percent Tied	49.9	Tau-a	0.058
Pairs	4110137	c	0.540

图 4.1 SAS 累积比数模型例子:性别

表 4.3　预测累积 logit,男孩女孩处于或者低于类别 j 的估计比数,
估计累积概率(cp),以及从 CO 模型中得到的估计比数比(SAS 的升序选项)

比　　较	$(Y \leqslant 0)$	$(Y \leqslant 1)$	$(Y \leqslant 2)$	$(Y \leqslant 3)$	$(Y \leqslant 4)$
男孩					
累积 logit	-3.719	-1.988	-0.7615	1.1449	2.3404
累积比数	0.02427	0.13696	0.467	3.1421	10.385
$\hat{cp}_b$	0.0237	0.1205	0.3183	0.7586	0.9122
女孩					
累积 logit	-4.1049	-2.3739	-1.1474	0.759	1.9545
累积比数	0.0165	0.0931	0.3175	2.1363	7.0604
$\hat{cp}_g$	0.0162	0.0852	0.241	0.6811	0.876
OR	**1.4711**	**1.4711**	**1.4709**	**1.4708**	**1.4709**

可能会被预测到更高类别的标记点(以 logit 的形式)很有用,但是它们通常不是单独解释的,类似于在定序多元回归模型中的截距函数。然而,通过性别的虚拟编码(性别 $= 0$ 表示女孩),这些阈值估计代表了对应于 $Y \leqslant$ 类别 j 的女孩的预测 logit。性别对 logit 的作用是 0.3859,关联的比数比是 $1.471[\exp(0.3859) = 1.471]$。模型告诉我们,男孩处于或者低于类别 j 的比数大约是女孩比数的 1.471 倍,不考虑我们考察的是哪种累积分割。该结果可以与我们在表 4.2 中观察数据的模式进行比较,表 4.2 中的类别间的平均比数是 1.72。根据模型,男孩相对女孩更不可能超过某一特定类别,这与实际数据一致。该模型假设性别的作用在不同的单独累积分割中是一致的。因为我们在性别作为预测变量纳入模型时没有拒绝比例比数假设,CO 模型表明累积分割(表 4.2)的单独比数比与从 CO 模型中得到的 1.471 的比数比在统计上没有差别。

　　再来看模型参数估计的直接解释,截距和性别的作用可

以用来估计累积比数,即男孩和女孩处于或者低于某一特定类别的比数。它们还可以用来估计各个分割的比数比,尽管我们已经从我们的分析中知道它是 1.471。对男孩和女孩的累积比数估计可以与那些从原始数据中得到的(表 4.2)进行对比。性别 = 0,即女孩对应于各个累积类别截距的预测,被指数化后就提供了女孩处于或者低于类别 j 的响应的比数。男孩的预测通过将性别 = 1 的值代入累积比数模型的各个单独方程等式并指数化后得到比数:$\ln(Y'_j) = \alpha_j + 0.3859(\text{性别})$。例如,对于代表 $Y \leq 0$ 的 logit,对女孩的 logit 预测是 -4.1049;对男孩,预测概率是 -3.719。表 4.3 提供了基于模型的这些估计累积 logits,还有男孩和女孩的估计累积比数(co)[exp(累积 logit)]。通过这些累积比数,男孩和女孩的比数比可以通过各个类别轻易得到,这些在表 4.3 的最后一行呈现(例如,$co_{\text{男孩}}/co_{\text{女孩}}$)。将误差舍入,这些比数比都近似等于 1.47。估计累积比数通过 $cp = co/(1 + co)$ 转换成估计累积概率(cp),得到 $P(Y < \text{类别 } j)$。结果在表 4.3 中展现,可以与表 4.2 中观察到的累积概率进行比较。总体来看,估计值似乎很好地匹配了数据;该模型的似然比检验统计上显著。

比数比固定,并因此在所有累积类别间保持一致,这意味着总体上男孩处于或者低于任何类别 j 的比数是女孩处于或者低于类别 j 的比数的 1.47 倍。对于本例,男孩比女孩更有可能处于或者低于任一给定类别;女孩更有可能比男孩处于更高的类别。性别(男 = 1)对累积概率有着正面的作用($b = 0.3859$),对应于男孩相对女孩处于或者低于类别 j 的更大比数。这个最后解释与以这种方法进行建模的转换过的结果变量一致（处于或者低于类别 j 的响应），因而对 logit 的方向和解释变量作用的说明就依赖于这些结果是如何被呈现的。

估计和实际累积概率的差别归因于 CO 模型将一个非常特殊的结构置于数据之上的事实。这个结构通过比数比的行为得以证实，因此它也影响了从模型中估计得到的累积比例。累积概率的估计是在比例比数假设下推导出来的。尽管我们稍早看到该假设在性别间成立，但认识到模型估计和预测概率是由该假设推导出的还是很重要。当那些该假设不成立或者看起来在经验上或者理论上不可信时，这些估计概率可能会明显不精确。不幸的是，当模型变得更复杂时，对比例比数假设将很难充满信心。作者将在本章末再讨论这个话题。

该分析的 Somers'D 是 0.079（见图 4.1 的最后一部分），这是相当低的。由于仅有一个预测变量，我们在儿童配对中的预测概率的定序方向上得到的线索相当微弱。为了构建预测效率测量的分类表，τ_p 和 λ_p，我们可以使用各个儿童的累积预测概率的集合来评估个体类别归属的概率在何处达到最大。通过在输出子命令中使用"predprobs ＝ cummulative"选项，SAS 生成一个包含了第 i 个儿童在各个层次上的累积概率的文件，$cp0_i ＝ P$（处于或者低于 0 级），$cp1_i ＝ P$（处于或者低于 1 级），等等。因此，数据集中每个儿童都有 K 个新观测，所有儿童的 $cp5_i ＝ P$（处于或者低于 5 级）＝1。类别概率可以通过使用关系式 $P(Y ＝ 类别 j) ＝ P(Y \leqslant 类别 j) - P[Y \leqslant 类别 (j-1)]$，即 $P_i(Y ＝ 0) ＝ cp0_i$；$P_i(Y ＝ 1) ＝ cp1_i - cp0_i$；$P_i(Y ＝ 2) ＝ cp2_i - cp1_i$ 得到，等等。某个儿童的最大类别概率对应于他或者她的最好的熟练度预测水平。在仅有性别的升序模型里,所有的儿童都被预测到 3 级,考虑到模型的拟合很差且 3 级的儿童在整个样本中占了 44% 的事实就不会惊讶了。按照第 3 章勾画出来的方法,分类估计可以与观测熟练度类别一起做成表格以测量预测效率。对于该分析,τ_p 和 λ_p 分别是 0.23 和 0。这些结果强调了当评估模型合理时,需要连同似然比检验来考虑关联的若干不同测量。

　　表 4.4 提供了刚刚描述的基于以定序因变量的顺序为默认选项的"升序"SAS 模型的结果及其"降序"结果,与 SPSS PLUM 结果和仅有性别作为预测变量的多元回归模型结果之间的比较。尽管 CO 模型本质上都是相同的,提供的也是性别作用相同的解释,但还是有必要指出这些模型的呈现结果中的一些重要异同。

　　首先,与 SAS 对二分结果使用升序和降序选项的 logistic 过程的结果类似,阈值(截距)参数的估计在符号上相反,量级上(magnitude)却并非如此;他们在输出上也显出相反的顺序。这也许仅是因为升序和降序选项预测的是互补事件的缘故。通过降序选项,模型估计的是(相反的)累积比数,即 $P(Y \geqslant 5)$,$P(Y \geqslant 4)$,$P(Y \geqslant 3)$,$P(Y \geqslant 2)$,$P(Y \geqslant 1)$,当然,$P(Y \geqslant 0)$ 将一直等于 1。

　　其次,比例比数假设的计分检验表明,比例性假设在分析中成立,$\chi^2_4 = 5.3956$,$p > 0.05$,尽管 SPSS 将这称为"平行性检验"(Test of Parallel Lines)[9]。9 对于所有的三个模型,综合似然比检验表明定序性别模型比虚无模型拟合得更好,$\chi^2_1 = 37.388$,$p < 0.001$。

表 4.4 使用 SAS(升序),SAS(降序),SPSS PLUM,
以及多元线性回归对定序因变量变量的累积比数模型:
分性别的熟练度($j = 0, 1, 2, 3, 4, 5$), $N = 3365$

	SAS(升序)	SAS(降序)	SPSS PLUM	SPSS REGRESSION
模型估计	$P(Y \leqslant$ 类别 $j)$	$P(Y \geqslant$ 类别 $j)$	$P(Y \leqslant$ 类别 $j)$	$E(Y \mid X)$
截距 α				3.108
阈值	$\alpha_0 = -4.105$	$\alpha_5 = -1.955$	$\theta_0 = -3.719$	
	$\alpha_1 = -2.374$	$\alpha_4 = -0.759$	$\theta_1 = -1.988$	
	$\alpha_2 = -1.147$	$\alpha_3 = 1.147$	$\theta_2 = -0.762$	
	$\alpha_3 = -1.955$	$\alpha_2 = -2.374$	$\theta_3 = 1.145$	
	$\alpha_4 = 1.955$	$\alpha_1 = -4.105$	$\theta_4 = 2.340$	
性别 = 1(男性)	0.386 **	-0.386 **	0	-0.246 **
性别 = 0(女性)				
R^2	0.004^a	0.004^a	0.004^a	0.012
计分检验^b	$\chi_4^2 = 5.3956$	$\chi_4^2 = 5.3956$	$\chi_4^2 = 5.590$	
	$(p = 0.2491)$	$(p = 0.2491)$	$(p = 0.232)$	
Model fit^c	$\chi_1^2 = 37.388$	$\chi_1^2 = 37.388$	$\chi_1^2 = 37.388$	$F_{1, 3363} = 40.151$
	$(p < 0.001)$	$(p < 0.001)$	$(p < 0.001)$	$(p < 0.001)$

注:a. $R_L^2 =$ 似然比 R^2。
b. 针对比例比数假设。
c. 定序模型的似然比检验;针对普通最小二乘法(OLS)回归的 F 检验。
** $p < 0.01$。

第三,使用 SAS 升序和 SPSS PLUM 的累积比数和累积比例的预测完全一样;并且 SAS 降序得到的累积比数预测得到的是这些概率的互补。回忆下 SPSS PLUM,模型预测通过从阈值估计中减去性别作用的影响可以得到。SPSS PLUM 也使用一套内部的编码系统来预测类别。例如,为了使用 PLUM 模型估计一个女孩的熟练度响应低于或者等于 2 级的累积概率,我们将(a)得到 $\ln($比数比$(Y \leqslant 2)) = \theta_2 - \beta_{(性别=0)} = -0.762 - (0.386) = -1.148$;(b)指数化以得到比数,$\exp(-1.148) = 0.3173$;(c)使用这些比数得到女孩的累积概率，$P(Y \leqslant 2) = 0.3173/(1 + 0.3173) = 0.2409$，与表 4.3 中 SAS 升序结果一致。为了阐明 SAS 降序选项的方法，考虑 $Y \leqslant 2_{女孩}$ 的互补，即 $Y \geqslant 3_{女孩}$。使用表 4.4 中降序模型的参数估计，我们得到累积对数 $\log_{女孩,Y \geqslant 3} = \alpha_3 + (-0.386) \times$ 性别 $= +1.147$ (因为女孩的性别 $= 0$)。进而得到累积比数 $odds_{女孩,Y \geqslant 3} = \exp(1.147) = 3.149$。估计概率是 $P(Y \geqslant 3)$，女孩 $= 3.149/(1 + 3.149) = 0.759$。这是使用 SAS 或者 SPSS PLUM 得到的表 4.3 中 $P(Y \leqslant 2)$ 的互补概率：$1 - 0.2410 = 0.759$。

　　第四，如前所述，所有的程序都被要求保存估计概率，它们可以很容易地(至少对那些预测变量数据很少的模型)与那些定序数据进行比较。SAS 在运行 CO 模型时，将根据操作者的要求(升序还是降序)计算并保存累积概率。然而，SPSS PLUM 并不能直接得到累积概率，相反，计算并保存的是个体类别属性的概率。如上所述，累积概率可以直接由三个模型的任意一个参数估计信息得到。

　　三个模型的解释是相同的，尽管阈值和截距的实际值在 SPSS 和 SAS(升序或者降序)之间并不一致。这可以简单地归因于两种软件参数化所拟合模型的方式不同。SAS 升序和降序方法的差异已经在符号相反的标记阈值的下标中看到。降序方法的累积比数是处于或者超过某特定熟练度水平的比数；升序方法和 PLUM 的累积比数是处于或者低于某特定熟练度水平的比数。两种 SAS 方法输出结果中阈值看起来是相反的顺序，但是一旦预测 logit 被转化成了累积概率，其结果在本质上是相同的。两种 SAS 模型中性别的作用符号相反，在 PLUM 中性别作用对应于性别 $= 0$ 的情况，但是有兴趣的读者在将模型特征和推导的累积概率也考虑在内的情况下，有必要用这些简单模型来验证预测概率的均等性。接下来是三种模型间性别处理的一个例子。

在 SPSS PLUM 中，阈值估计是针对性别 = 1（即男性）时的情况，而在 SAS 中，阈值估计针对的是性别 = 0（女性）的情况。不考虑所用的分析，性别的作用在所有的累积分割间的作用是一致的，$b = \pm 3.86$。例如，使用 SAS(升序)，男孩处于熟练度 2 级或者更低的 logit 预测是 $\alpha_2 + b_{性别(男孩们)} = -1.147 + 0.386 = -0.761$。这与那些根据 SPSS PLUM 分析得到的男孩的预测一样：$\theta_2 - b_{性别(男孩们)} = -0.762 - 0 = -0.762$。指数化以得到累积比数，再将结果转换就得到男孩处于或者低于熟练度 2 级的预测概率，则有 $P(Y \leqslant 2) = 0.318$（表 4.3）。在所有累积分割间基于比例比数模型的男孩对女孩的比数比假设是一致的，而且在 SAS 和 SPSS PLUM 间是等价的：$\exp(0.386) = 1.47$。这表明男孩处于或者低于任一类别 j 的比数是女孩处于或者低于类别 j 的比数的 1.47 倍。

使用 SAS(降序)方法，我们可以说男孩相对女孩处于或者超过类别 j 的比数在所有累积分割间是一致的：$\exp(-0.386) = -0.680$，这表明男孩相比女孩更不大可能处于或者超过某一给定熟练度水平。但其解释稍有不同，这个结果表明男孩处于或者超过某类别 j 的比数是女孩该比数的 0.68 倍。女孩更有可能处于较高的熟练度类别。注意，两种方法(升序和降序)的比数比是互为倒数的：$1/0.68 = 1.47$。男孩处于或者低于类别 j 的预测概率，例如，也能够从 SAS(降序)模型中得到，因为 $P(Y \leqslant j) = 1 - P(Y \geqslant j+1)$。

在该过程的另一个例子中,为了得到男孩的 $P(Y \leqslant 2)$,我们可以使用降序模型来得到男孩的 $Y \geqslant 3$ 的累积 logit,$\alpha_3 + b_{性别(男孩们)} = 1.147 + (-0.386) = 0.761$;指数化并求得累积概率,得到 $P(Y \geqslant 3) = 0.682$;最终,$1 - 0.682 = P(Y \leqslant 2) = 0.318$,这与表 4.3 中所示的结果一致。

我们看到,当这些模型的结果与多元回归分析的结果进行比较时,男孩在熟练度上低于女孩的类似模式。多元回归分析的因变量熟练度被编码为从 0 到 5 的值。性别变量的斜率(男孩 = 1)是 −0.246。平均来看,女孩们被预测到处于 3.109 的熟练度水平,男孩们则处于低的熟练度水平 $(3.109 - 0.246) = 2.863$。整体而言,尽管定序模型和多元回归模型在性别作用的方向上有些类似,但多元回归模型的预测结果与我们分析的数据并不一致。当我们的响应值是严格的定序数据时,一个平均的熟练度水平并不是我们想要预测的;多元线性回归模型不允许我们做出分类在不同的熟练水平间进行比较的尝试。

第 3 节 │ **累积比数的全模型分析**

　　以上分析很好地证明了含一个变量的模型可以继续改善。在比例比数假设下对仅有性别的模型的预测概率与实际累积比例很相似，而且似然比测试结果表明，当性别纳入模型时，累积概率比虚无模型（不含性别的）更多地与实际数据一致。R^2 统计量非常小，Somers'D 和预测效率测量也是。我们再来看一个更复杂的累积比数模型的推导，以得到六个熟练度水平上额外的解释变量和累积概率之间的关系。表 4.5 提供了用表 2.2 中八个解释变量来拟合 CO 模型的结果概要（公立与否是学校层次的变量在这些个体层次的模型中不会使用）。表 4.5 的结果是通过降序的 SAS 得到的；建模的概率是：$P(Y \geqslant$ 类别 $j)$。这种方法为稍后进行 CR 和 AC 定序模型间的比较提供了便利。全 CO 模型的句法包括在附录 2 的 B4 部分。

　　该模型的比例比数假设不成立，可以在表 4.5 的标有"计分检验"一行看到。这表明一个或者更多自变量的作用模式很有可能在单个的二分模型间不一样，这些模型是根据稍早在表 4.1 中 CO 模型所表明的模式拟合的。不幸的是，在连续预测变量和大样本中，计分检验几乎是一直表明应该拒绝比例比数假设的，因此需谨慎地解释（Allison，1999；

表 4.5 累积比数(CO)的全模型分析,SAS(降序)$(Y \geqslant$ 类别 $j)$,$N = 3365$

Variable	$b[se(b)]$	*OR*
α_5	$-6.01(0.54)$	
α_4	$-4.73(0.53)$	
α_3	$-2.62(0.53)$	
α_2	$-1.30(0.53)$	
α_1	$0.50(0.54)$	
gender	$-0.50(0.06)**$	0.607
famrisk	$-0.26(0.08)**$	0.771
center	$0.09(0.08)$	1.089
noreadbo	$-0.32(0.09)**$	0.729
minority	$-0.15(0.07)*$	0.862
halfdayK	$-0.17(0.07)*$	0.847
wksesl	$0.71(0.05)**$	2.042
plageent	$0.06(0.01)**$	1.063
R_{L}^2	0.05	
Cox & Snell R^2	0.14	
Nagelkerke R^2	0.15	
Somer's D	0.33	
τ_{p}	0.21	
λ_{p}	0.00	
Model fit[a]	$\chi_8^2 = 524.17(P < 0.0001)$	
计分检验	$\chi_{32}^2 = 75.47(P < 0.0001)$	

注:a. 似然比检验。

b. 对比例比数假设。

$* p < 0.05$;$* * p < 0.01$。

Greenland,1994;Peterson & Harrell,1990)。稍后,我们将回到该假设的检验,至于现在,让我们解释一下模型估计和拟合统计量对该分析意味着什么。

模型拟合的卡方值表明,这个全模型在预测熟练度累积概率时比虚无模型(没有自变量的)表现更好。我们在似然比和虚拟 R^2 统计量上看到一些改善,但改善的没有我们通过仅有性别的模型获得的那么多。Somer's D 是 0.333,这与通过仅有性别的模型获得的值相比明显要更好。

回忆一下通过六个类别以 0，1，2，3，4，5 的结果测量的熟练度。使用降序选项，表 4.5 中的阈值估计对应于那些在自变量整个系列上得分为 0 的学生的累积 logits 预测。α_5 对应的是 $Y \geqslant 5$ 的累积 logit，α_4 对应的是 $Y \geqslant 4$ 的累积 logit，等等。直到 α_1 对应的是 $Y \geqslant 1$ 的累积 logit，因为所有的学生都有 $Y \geqslant 0$，它作为第一个阈值就没有包括在降序的 logit 模型中（请注意，对 $Y \leqslant 5$ 的升序累积 logit 模型也是如此）。

全 CO 模型里的自变量作用强调了变量是如何对处于或者超过某一特定类别的概率有所贡献的。与早些时候的仅有性别的模型一致，男孩更不大可能比女孩超过某一特定类别（比数比 = 0.607）。任何家庭风险因素的出现（famrisk，比数比 = 0.771），父母没有对他们的孩子阅读（noreadbo，比数比 = 0.729），少数族裔（minority，比数比 = 0.862），以及上半天幼儿园而非全天幼儿园（halfdayK，比数比 = 0.847）在模型中都是负系数而且对应的比数比都显著小于 1。这些特征与一个儿童处于更低的熟练度类别而非更高的熟练度类别相关联。另一方面，如幼儿园的年龄（plageent，比数比 = 1.063），以及家庭社会经济地位（wksel，比数比 = 2.042）都与高的熟练度类别相关联。这两个变量的斜率都是正的且在多变量模型中都在统计上显著不为 0。入园前参加过基于中心的日间看护在该模型中与熟练度没有关联；斜率很小，而且比数比接近 1。这些发现与文献中关于早期阅读能力的影响因素一致，就这点而言，全模型提供了关于这些选择变量影响该领域的熟练度的方式的合理看法。

在预测效率方面，τ_p 和 λ_p 相对仅有性别的模型都没能提供更好的类别预测,而仅有性别的模型是将所有的儿童都预测到3级中。对于全模型CO分析,累积概率可以用来得到如性别模型中描述的个体类别概率,以对应于各个儿童所得到的最好的熟练度预测类别的最大可能性的类别。表4.6提供了基于全CO模型的分类方案结果。大部分的儿童仍然被归入到熟练度3级中,而且我们可以从分类表中(用第3章中呈现的公式)得到 $\tau_p = 0.23$ 和 $\lambda_p = 0$,表明相对于仅有性别的分析没有在预测上有总体改进。如果预测是模型的唯一目的,的确让人沮丧。然而,正如在二分 logistic 回归例子中提到的,这些测量未能告诉我们解释变量在熟练度类别间是如何影响累积概率的。霍斯默和莱默苏(2000:157)评论说,分类对群组规模非常敏感,并且"一直倾向于归入到大的群组中,该事实并不以模型的拟合为转移"。考察模型拟合中各个自变量的贡献时,应该偏好综合似然比检验(omnibus likelihood ratio test)以及 Wald 检验的结果。尽管如此,在一些研究情形下,分类的可靠性还是模型选择标准的一个重要部分;本例描述了这些统计量是如何计算的,还有他们被群体规模所影响的程度。

表 4.6 全 CO 模型的分类表,$N = 3365$

	Predcat 0	Predcat 1	Predcat 2	Predcat 3	Predcat 4	Predcat 5	总计
profread							
0	0	1	9	57	0	0	67
1	1	2	12	262	0	1	278
2	0	3	24	565	0	2	594
3	1	3	24	1428	0	26	1482
4	0	1	1	577	0	8	587
5	0	0	0	332	0	25	357
总计	2	10	70	3221	0	62	3365

第 4 节 │ logit 中的比例
比数和线性假设

　　在定序模型中,不能直接评估 logit 的线性,并且"只有当 logits 和协变量之间的线性关系在单独的二分 logistic 模型中成立时才是比例比数假设有意义的一个验证"(Bender & Grouven,1998:814)。因此,这里分别考察五个二分模型的(比例比数)假设,以期为定序模型提供支持。连续变量的 logit 线性的检验通过 Box-Tidwell 方法(Hosmer & Lemeshow,1989;Menard,1995)和图形方法(graphical methods)(Bender & Grouven,1998)实现。对于 Box-Tidwell 方法,生成连续解释变量的乘数项 $X \times \ln(X)$ 并加入到主效应模型中。统计上显著的交互项是线性假设对该变量不一定成立的表示。为了从图形上考察线性关系,对连续变量生成十分位数,进而再与每个二分 logit 的处于"成功"类别(处于或者超过类别 j)的儿童的比例做散点图。这里同时采取了这两种方法考察模型的两个连续变量:入园年龄(plageent)和家庭社会经济地位(wksesl)。图片展示了一个线性趋势,但是 Box-Tidwell 方法表明两个连续变量在所有的五个二分 logits 中都是非线性的。考虑到做图的模式、样本量大,以及统计检验的敏感性,两个连续变量的 logit 线性被假设为是有道理的。

对于全 CO 模型,比例比数或者平行比数假设的计分检验被拒绝。这意味着有一些自变量对于处于或者超过类别 j 的比数的作用在随着熟练度 j 改变时并不稳定。表 4.7(值已被舍入以节省篇幅)提供了五个单独的二分 logistic 回归的结果,在这里数据是二分的,且对应于表 4.1 中第二 CO 列的模式展开分析。即每个 logistic 模型都考察了处于或者超过类别 j 的概率。对于这些 logistic 模型(使用 SPSS),编码为 1 的类别归类对应于那些处于或者超过各个相继类别的儿童,编码 0 对应于那些低于各个相继类别的儿童。

回顾表 4.7 中单独 logistic 回归的结果,相对表 4.5 中 CO 模型的结果,我们可以看到,所有的五个二分模型都很好地拟合了数据。模型的 χ^2 值统计上都不显著,每个模型相对它的虚无模型都拟合得更好;H-L 检验在统计上都不显著,从观测到预测的概率是一致的。

现在让我们来看各个解释变量在五个模型间斜率和比数比的模式。性别的作用在调整了其他自变量后,看起来在五个单独的 logistic 回归中的模式的确不大相同了。尽管性别在这五个回归中的平均斜率是 -0.604,这与多变量 CO 模型中的性别斜率(-0.500)多少有些接近,男孩对女孩的处于或者超过熟练度 1 级的比数比(0.354)相对于其他四个比较(0.552、0.625、0.631 和 0.635)或多或少有些低。然而,请注意,如果将这些二分模型的平均性别斜率的比数[$\exp(-0.604) = 0.547$]与来自 CO 模型的单个性别比数比(0.607)比较,我们看不到什么差异。平均来讲,性别的作用在五个 logistic 回归间类似。这对其他所有的解释变量而言

表 4.7 CO 分析(降序)的关联累积二分模型，
CUMSP$_j$ 将 $Y \leqslant$ 类别 j 与 $Y \geqslant$ 类别 j 比较，$N = 3365$

Variable	CUMSP$_1$ b [se(b)] OR	CUMSP$_2$ b [se(b)] OR	CUMSP$_3$ b [se(b)] OR	CUMSP$_4$ b [se(b)] OR	CUMSP$_5$ b [se(b)] OR	Score Test[a] P value
Constant	3.53	−0.55	−2.15 **	−4.67 **	−7.34 **	
	(2.11)	(0.99)	(0.68)	(0.68)	(0.99)	
gender	−1.04	−0.60	−0.47	−0.46	−0.46	0.249
	(0.28)	(0.12)	(0.08)	(0.08)	(0.12)	
	0.35 *	0.55 *	0.63 *	0.63 *	0.64 *	
famrisk	−0.15	−0.25	−0.21	−0.33	−0.28	0.450
	(0.29)	(0.13)	(0.09)	(0.10)	(0.15)	
	0.87	0.78	0.81 *	0.72 *	0.76	
center	−0.03	−0.10	0.10	0.10	0.26	0.219
	(0.28)	(0.14)	(0.09)	(0.10)	(0.16)	
	0.97	0.91	1.10	1.10	1.30	
noreadbo	−0.65	−0.36	−0.28	−0.28	−0.5	0.095
	(0.27)	(0.14)	(0.10)	(0.12)	(0.21)	
	0.52 *	0.70 *	0.75 *	0.76 *	0.61 *	
minority	−0.23	−0.42	−0.39	0.09	0.24	0.000
	(0.29)	(0.13)	(0.09)	(0.09)	(0.13)	
	0.80	0.66 *	0.68 *	1.09	1.27 *	
halfdayK	0.07	0.00	−0.11	−0.26	−0.11	0.033
	(0.26)	(0.12)	(0.08)	(0.08)	(0.12)	
	0.93	1.00	0.89	0.77 *	0.89	
wksesl	1.00	0.77	0.73	0.64	0.87	0.000
	(0.17)	(0.10)	(0.07)	(0.06)	(0.08)	
	2.73 *	2.17 *	2.07 *	1.89 *	2.39 *	
plageent	0.02	0.05	0.06	0.06	0.08	0.645
	(0.03)	(0.02)	(0.01)	(0.01)	(0.02)	
	1.03	1.06 *	1.06 *	1.06 *	1.08 *	
R_{L}^2	0.125	0.097	0.092	0.070	0.096	
R_{N}^2	0.136	0.128	0.149	0.115	0.128	
Model χ_8^2	82.11 **	215.49 **	366.40 **	280.39 **	217.92 **	
H-L$^{\mathrm{b}}\chi_8^2$	7.80	10.43	13.41	0.74	9.16	

注：a. 对每个自变量的计分检验，未调整(模型中没有其他协变量)。
b. Hosmer-Lemeshow 检验，均不显著。
* $p < 0.05$，** $p < 0.01$。

都成立,除了少数族裔的作用外。注意,少数族裔变量的作用方向在前三个分析和后两个分析之间有变化。在前三个分析中,比数小于 1,表明少数族裔儿童比非少数族裔儿童更有可能处于较低的熟练度类别。然而,处于或者超过熟练度 4 级的可能性并没有差异,因为比数比在统计上没有显著不等于 1。最后的分析将从类别 0 到类别 4 的儿童与类别 5 的儿童相比较。这里我们看到,在调整了模型中其他解释变量的出现后,少数族裔儿童比非少数族裔儿童更有可能处于类别 5 中($b = 0.238$,比数比 $=1.268$)。该结果在累积比数模型中不明显。CO 模型提供了一个变量在数据的所有累积熟练度类别的二分体或者分割间的概要估计。将比数的比例性假设置于这些比例分割之上看起来对少数族裔变量无效。对在模型中的所有其他变量,斜率和比数比的方向和平均量级很好地对应了 CO 结果。

　　不幸的是,比例比数假设的计分检验对样本规模和不同的协变量可能模式很敏感,这就使得它在有连续解释变量的时候通常会变得非常大。如果没有拒绝假设,研究者应该很自信地说整体 CO 模型很好地代表了在单独累积分割间的比数比模式。然而,如果假设不成立,合适的做法是拟合单独的模型并将其与 CO 结果比较以检查与由 CO 模型表明的通常模式下的区别或者偏差(例如,Allison,1999;Bender & Grouven,1998;Brant,1990;Clogg & Shihadeh,1994;Long,1997;O'Connell,2000)。

　　为了提供比例性假设真实性的更多检验,可以观察未经根据累积比数模型中其他协变量的出现调整的对各个解释变量的单独的计分检验。考虑到样本量大,所以使用 0.01

的显著性水平来指导关于非比例性(nonproportionality)的决定。对于每一个单独的二分模型,比例比数假设的计分检验成立,但少数族裔和家庭社会经济地位例外。表 4.7 的最后一栏给出了这些未经调整的检验的 p 值。在五个二分 logit 模型中,wksels 的比数比接近 1.9 或者更大,表明高家庭社会经济地位的儿童处于较高熟练度类别的可能性是较低社会经济地位的儿童的两倍。考虑到社会经济地位是连续变量,比数比在二分分割间的差异的量级看起来是可以忽略不计的,就其本身而言,一个共同的比数比对该变量也许是更为正当的假设。然而,如上所述,少数族裔比数比改变的模式将会清晰地与熟练度研究相关,该变量的作用应该更仔细地加以考察。尽管不在这里提供,后续包括了解释变量之间的交互项或者使用一个种族/民族的单独类别的变量而非一个总体指派的少数族裔类别的分析将能够更好地解释五个二分 logit 模型的作用。

第 5 节 ｜ 累积比数模型的替代方法

　　累积比数模型的最佳应用是为数据提供一个单独简洁预测模型。然而,如果均等斜率假设的约束不现实,那研究者就有责任去尽量解释数据的结构而非强行要求数据遵循某特定模型。在考察了单个的 logistic 回归分析并检查了线性和比例性后,如果多变量定序模型的比例性假设的确让人怀疑的话,那么就会产生几种替代方法。

　　如果变量的作用极其重要,研究者可以决定使用单独的 logistic 回归来探求并解释不同累积模型中的解释变量的多种模式(Bender & Grouven,1998)。该决定依靠研究者分析的总体目标,而且并不是对每个情境或者研究问题都合适。如果需要一个简洁模型或者单独一套预测概率,这些单独的二分 logit 将不再合适。作为替代,研究者也许要决定完全放弃因变量的定序属性而去拟合数据的一个多分类模型。该方法可以以综合变量作用和分类的形式提供一些有意义的信息,但是它忽视了结果的定序属性,因而也忽略了数据的一个重要方面。该方法对研究者的目标也不是最优化的,但如果研究者相信大多数解释变量都违反了比例比数假设的话,也可以考虑这个办法。关于这些替代多分类方法的例子和讨论可以参见布鲁雅(Borooah,2002)、石井坤茨(Ishii-

Kuntz，1994)以及阿格雷斯提（Agresti，1990，1996)。

第三个方法将在本书的稍后章节里集中讨论，它将其他类型的定序回归分析，例如连续比例方法或者相邻类别方法，尝试并获得一个单独的拟合良好且简明的模型来辅助我们取得对手头数据的理解。第 5 章描述了 CR 或者连续比例模型的使用，第 6 章呈现了 AC 模型（Adjacent Categories model)，也即相邻类别模型。

在转到讨论这些分析定序结果的更多策略之前，我们再呈现另一种方法。但仅是解释变量的一个子集而使比例性假设受到质疑的情景下，研究者也可以选择用偏比例比数（Partial Proportional Odds，PPO）模型拟合（Ananth & Kleinbaum，1997；Koch et al.，1985；Peterson & Harrell，1990)。在本质上，PPO 模型允许自变量和不同 logit 比较之间的交互项，这也阐明了一个自变量的比数是如何在不同的结果水平间变化的。SAS 当前使用 GENMOD 过程估计 PPO 模型。分析要求数据重构以反映个体是否处于或者超过某特定响应水平（Stokes，Davis & Koch，2000)。在重构数据集中，每个人的每个定序 logit 比较都生成一个新的二分响应以表示该个体是否处于或者超过某一特定响应水平。例如，通过一个 K 个类别的定序因变量，每个人都会在重构数据集中有 $K-1$ 行数据。推导出的新的兴趣结果变量是为了表明对于 $K-1$ 个 logits 中的每一个，个体是否处于或者超过类别 K（包括最低类别 $Y=0$，所有的儿童都是超过它的)。因为数据现在是相关的（人群中的重复观测)，一般估计方程（Generalized Estimating Equations，GEE)被用来拟合非线性模型进而拟合偏比例比数模型。在兴趣结果是分类的(名义的或者定序的)时候,GEE 方法(Liang & Zeger, 1986)非常适合用于对结果变量随时间推移的重复测量。它基于大样本性质,这意味着样本规模必须足够大以产生可靠的估计。斯托克斯等人(Stokes et al. , 2000)建议,数据的二维交互分类中的观测数量应该至少达到五个。有连续解释变量的话,这通常不是问题,所以应该谨慎地考虑样本规模。

第 6 节 ｜ 偏比例比数

　　通过使用 ECLS-K 数据例子来描述，我们放弃少数族裔变量的比例比数假设并尝试以一种能够更好地反映表 4.7 中的模式的模型来重新拟合。也就是说，比例比数假设在模型中除了少数族裔变量外的所有变量间都得以保持。PPO 模型以及数据集重构的句法，包括在附录 2 的 B5 中，位置在由斯托克斯（Stokes et al.，2000）等人勾勒出的过程后面。图 4.2 展现了该分析的（编辑过的）输出结果。GENMOD 对儿童处于或者超过类别 j 的概率建模，但是因为比数比在除了少数族裔外的所有各个变量的分割中都保持一致，结果仅包括了一个截距参数。阈值通过将各个对应分割的估计相加得到，这包括在图 4.2 中“GEE 参数估计分析”的中间部分。阅读这份表格时，请注意解释变量的编码方案“0”类是分类变量的参照组。例如，性别的斜率，$b = 0.5002$，是为女孩（性别 ＝ 0）而非男孩（性别 ＝ 1）提供的。

　　截距－6.9805 是表示如果他或者她的所有协变量分数等于 1，或者等于 0（如果是连续变量的话）时，儿童将会处于或者超过熟练度类别 5（Y ≥ 5）的比数对数；注意，分类变量的编码遵循一种内在建构的模式，而且第五个分割的估计是 0.00。为了得到 Y ≥ 4 的比数对数，阈值将是截距加上第四个分割的作用($-6.9805+1.2670=-5.7135$)。其他阈值估计也可以以类似的方法得到。

GEE 分析提供了检验各个解释变量对模型的贡献的分数统计量;这些在输出结果的最后得到。计分检验的结果表明,少数族裔对第五个 logit 比较的作用仅是边际显著,$\chi_1^2 = 4.04$,$p = 0.0445$,然而它与分割变量的交互在总体上确实很显著,$\chi_4^2 = 28.80$,$p < 0.0001$。该结果表明少数族裔依赖于分割的作用存在着可靠的差异。对于模型中的其他解释变量,除了参加日间护理中心外,所有其他变量的作用都在统计上显著,这与全累积比例模型中的发现一致。GENMOD 也提供了解释变量对模型中贡献的 z 检验(Wald 统计量的正态分布版本);这些可以在图 4.2 中"GEE 参数估计分析"中找到。z 检验的结果与计分检验一致,除了少数族裔外。

考虑到少数族裔和分割间的交互项,少数族裔的作用通过具体考察它对第五个累积比较的贡献的计分检验来解释。对于其他的各个分割,包括在模型中的少数族裔×分割的交互的 z 检验表明在第一个累积比较($Y \geqslant 1$)的少数族裔儿童和非少数族裔儿童的比数没有显著差别,$b_{\text{int.1}} = 0.5077$,$p = 0.0677$,第四个也无差别($Y \geqslant 4$),$b_{\text{int.4}} = 0.0282$,$p = 0.7884$。实质上,这些发现与那些表 4.7 中单独的二分模型一致。在那里,少数族裔对个体的累积 logits 没有统计作用,无论是第一个二分模型($p > 0.05$)还是第四个($p > 0.05$)都是这样。

少数族裔×分割的交互项告诉我们,关于少数族裔在响应变量的阈值间的作用发生了多大的改变。伴随着对少数族裔比例比数假设的放宽,输出中的结果告诉我们,非少数

The GENMOD Procedure

Model Information

Data Set	WORK. PPOM
Distribution	Binomial
Link Function	Logit
Dependent Variable	beyond
Observations Used	16825

Class Level Information

Class	Levels	Values
split	5	1 2 3 4 5
GENDER	2	0 1
FAMRISK	2	0. 00 1. 00
CENTER	2	0. 00 1. 00
NOREADBO	2	0. 00 1. 00
MINORITY	2	0. 00 1. 00
HALFDAYK	2	0. 00 1. 00
CHILDID	3365	0212014C 0294004C 3035008C 3042008C 3042023C
		0044007C 0195025C 0243009C 0621012C 0748011C
		0832023C 3041005C 0028009C 0028014C 0052003C
		0052007C 0195020C 0196007C 0196016C 0196017C
		0196018C 0212002C 0212012C 0216006C 0220005C
		0220020C 0301002C 0301004C ⋯⋯

Response Profile

Ordered Value	beyond	Total Frequency
1	1	10045
2	0	6780

PROC GENMOD is modeling the probability that beyond="1".

Criteria For Assessing Goodness Of Fit

Criterion	DF	Value	Value/DF
Deviance	17E3	12003. 9325	0. 7142
Scaled Deviance	17E3	12003. 9325	0. 7142
Pearson Chi-Square	17E3	16074. 6352	0. 9564
Scaled Pearson X2	17E3	16074. 6352	0. 9564
Log Likelihood		−6001. 9662	

Analysis Of GEE Parameter Estimates
Empirical Standard Error Estimates

Parameter		Estimate	Standard Error	95% Confidence Limits		Z	Pr>|Z|
Intercept		−6.9805	0.5753	−8.1081	−5.8528	−12.13	<0.0001
GENDER	0	0.5002	0.0663	0.3703	0.6301	7.55	<0.0001
GENDER	1	0.0000	0.0000	0.0000	0.0000	.	.
FAMRISK	0.00	0.2596	0.0778	0.1071	0.4120	3.34	0.0008
FAMRISK	1.00	0.0000	0.0000	0.0000	0.0000	.	.
CENTER	0.00	−0.0759	0.0770	−0.2268	0.0750	−0.99	0.324
CENTER	1.00	0.0000	0.0000	0.0000	0.0000	.	.
NOREADBO	0.00	0.3366	0.0913	0.1575	0.5156	3.68	0.0002
NOREADBO	1.00	0.0000	0.0000	0.0000	0.0000	.	.
MINORITY	0.00	−0.1560	0.1240	−0.3989	0.0870	−1.26	0.2083
MINORITY	1.00	0.0000	0.0000	0.0000	0.0000	.	.
HALFDAYK	0.00	0.1451	0.0666	0.0145	0.2757	2.18	0.0295
HALFDAYK	1.00	0.0000	0.0000	0.0000	0.0000	.	.
WKSESL		0.7450	0.0514	0.6442	0.8457	14.49	<0.0001
P1AGEENT		0.0588	0.0084	0.0423	0.0753	7.00	<0.0001
split	1	6.2595	0.1851	5.8968	6.6223	33.82	<0.0001
split	2	4.4067	0.1204	4.1707	4.6428	36.59	<0.0001
split	3	3.0966	0.1043	2.8923	3.301	29.7	<0.0001
split	4	1.2670	0.0846	1.1012	1.4328	14.98	<0.0001
split	5 0.00	0.0000	0.0000	0.0000	0.0000	.	.
split * MINORITY	1 0.00	0.5077	0.2779	−0.0370	1.0523	1.83	0.0677
split * MINORITY	1 1.00	0.0000	0.0000	0.0000	0.0000	.	.
split * MINORITY	2 0.00	0.6021	0.1621	0.2843	0.9198	3.71	0.0002
split * MINORITY	2 1.00	0.0000	0.0000	0.0000	0.0000	.	.
split * MINORITY	3 0.00	0.5230	0.1334	0.2615	0.7844	3.92	<0.0001
split * MINORITY	3 1.00	0.0000	0.0000	0.0000	0.0000	.	.
split * MINORITY	4 0.00	0.0282	0.1050	−0.1777	0.2340	0.27	0.7884
split * MINORITY	4 1.00	0.0000	0.0000	0.0000	0.0000	.	.
split * MINORITY	5 0.00	0.0000	0.0000	0.0000	0.0000	.	.
split * MINORITY	5 1.00	0.0000	0.0000	0.0000	0.0000	.	.

Score Statistics For Type 3 GEE Analysis

Source	DF	Chi-Square	Pr>ChiSq
GENDER	1	57.02	<0.0001
FAMRISK	1	11.1	0.0009
CENTER	1	0.97	0.3243
NOREADBO	1	13.3	0.0003
MINORITY	1	4.04	0.0445
HALFDAYK	1	4.75	0.0294
WKSESL	1	195.03	<0.0001
P1AGEENT	1	49.02	<0.0001
split	4	2447.16	<0.0001
split * MINORITY	4	28.8	<0.0001

图 4.2　少数族裔的偏比例比数:GEE 分析

族裔儿童相对于少数族裔儿童的比数对数在不同的 logistic
回归分割间预计能够改变多少。例如,在调整了模型中的其
他协变量之后,非少数族裔儿童相对少数族裔儿童处于或者
超过类别 5 级的熟练度分数的比数比是 $\exp(-0.1560) =$
0.855;少数族裔儿童相对非少数族裔儿童处于或者超过类
别 5 级的熟练度分数是 $\exp(+0.1560) = 1.169$。该比数比可
以与表 4.7 中的第五个累积 logistic 回归分割相比(比数比 =
1.268)。该比数比在 PPO 模型中显著不等于 1("类型 3 的
GEE 分析的分数统计量"表格中 $p = 0.0445$),实际上是基
于单独二分模型的第五个累积比较(表 4.7 中最后一个分割
的 $p < 0.05$)。

为了得到少数族裔对第四个累积 logit 的作用($Y \geqslant 4$),
将交互项加到主效应中,即非少数族裔儿童处于或者超过类
别 4 的比数是 $\exp(-0.1560 + 0.0282) = \exp(-0.1278) =$
0.880;对于少数族裔儿童,则为 $\exp(+0.1278) = 1.136$。
少数族裔儿童有 1.36 倍的可能性处于或者超过类别 4,尽
管该作用在统计上没有明显不等于 1($p = 0.7884$)。该作用
与表 4.7 中第四个累积 logit 中的比数比一致,它在统计上
也不显著(比数比 = 1.092,不显著)。对于第一个 $\text{logit}(Y \geqslant$
$1)$,非少数族裔儿童的作用是 $\exp(-0.1560 + 0.5077) =$
$\exp(0.3571) = 1.42$;对于少数族裔儿童,则是 $\exp(-0.3517) =$
0.7035。根据 PPO 模型,该作用不显著($p = 0.0677$),与表
4.7 中第一个分割的少数族裔的作用一致。总之,少数族裔
儿童比他们的非少数族裔同龄人更不大可能超过熟练度 2
级和 3 级,但是一旦他们获得了至少 4 级的熟练度时,他们
比他们的非少数族裔同龄人更有可能取得熟练度 5 级的

水平。

为了检验那些保留了比例比数假设的解释变量的作用，可以直接解释估计的斜率。对于性别的影响，在调整了模型中其他协变量之后，女孩（性别 = 0）处于或者超过类别 1 的可能性是男孩的 $\exp(+0.5002) = 1.65$ 倍，而且该比数比在所有隐含累积 logit 中保持一致。因为仅有两个水平的解释变量的事件是互补的，我们也可以轻易给出对男孩作用的解释：在调整了其他协变量之后，男孩处于或者高于某一给定熟练度类别 j 的可能性是女孩的 $\exp(-0.5002) = 0.606$ 倍。对于除了少数族裔以外的其他解释变量，一旦考虑进自变量的编码，它们的作用则与表 4.5 中的全 CO 模型呈现出等价。例如，全 CO 模型中性别的斜率是 -0.500，比数比是 0.607。PPO 模型中那些比例比数假设得以保留的变量的作用与那些 CO 模型中的处于相同的量级和统计显著性。方向发生了变化是因为 SAS 的 GENMOD 过程提供了解释变量编码为 0 而非 1 的值的估计。需要注意的是，分类自变量的编码实质并没有影响 CO 模型和 PPO 模型间连续变量的结果。

简要总结一下 PPO 分析，该方法的确解决了围绕全比例比数模型的一些问题，尤其是少数族裔变量。GEE 估计与在二分 logit 模型中以量级和统计显著性两种方式同时检验的少数族裔的单独作用对应得非常好。在早期阅读能力的研究中，该结果经得起进一步的考察。而另一种做法，即生成一个将儿童以种族/民族群组分类的变量并将其纳入这些模型，而非将所有"非白人"儿童放在二分法的一个赋值中，也值得进一步检验。但这不是当前叙述的重点。服从比例比数假设约束的变量的作用与早些时候的 CO 分析结果中的变量作用一致。当前还没有对由 GENMOD 提供的 GEE 分析(Stokes et al.，2000)的拟合优度的总体概要检验,但是在"评估拟合优度的指标"标题下的输出结果中的标准表明,偏差(通过比较拟合模型与完美,或者饱和模型而得到)比它的自由度要小(值/自由度 < 1),这暗示着模型拟合的充分性(Allison, 1999)。当模型中有连续变量时,没有模型偏差的可靠检验。然而,这些统计量对竞争模型间的比较很有用。总之,PPO 模型看起来比 CO 模型更有信息量,尤其是考虑到少数族裔变量的解释时。

第 5 章

连续比例模型

第 1 节 │ 连续比例模型概述

　　如在第 4 章所看到的,累积比数模型使用所有现存的数据来评估自变量对处于或者超过(抑或相反,处于或者低于)某特定类别的对数比数的作用。比数是通过考察处于或者高于某类别的概率相对于低于该类别的概率而得到的。CO分析的一个限制性假设是,在所有的累积 logit 比较中,自变量的作用是类似的;也就是说,处于较高的类别相对于低于它的任意类别的比数在不同类别间保持恒定。然而,这些累积比数的 logit 比较在理论上也许并不是在每个研究情境中都合适。如果研究兴趣在于判断自变量对处于更高阶段或者类别的事件的作用,就包括了所有未能进入某一类别的人的比较群组也许并不能让我们达到对数据最好的结论或者理解——以一种处于低类别的和所有更高类别的人们间的差异的形式。与其将所有未能进入任一类别的人群归组到一起,不如采取一种替代的定序方法,即将那些在任意已知类别的响应者与那些取得更高类别分数的响应者进行比较。这种方法形成了称为连续比例(CR)模型的一类模型。CR模型分析的焦点在于理解区分那些达到了某一响应水平但是并没有继续向前的人与那些确实达到了更高水平的人之间的区分因素。福克斯(Fox, 1997:472)将该过程称为一系列"嵌套二分类"(nested dichotomies)分析。

　　连续比例是一种条件概率。接下来的讨论将解释这些连续比例是如何根据研究者的目的而以不同方式形成的。呈现的例子是基于采取 $\delta_j = P$(超过类别 j 的响应|至少在类别 j 的响应)形式的连续比例,或者它的互补形式 $1 - \delta_j = P$(处于类别 j 的响应|至少在类别 j 的响应)。

　　阿姆斯特朗和斯洛(Armstrong & Sloan,1989)、麦卡拉和尼尔德(McCullagh & Nelder,1983)、格林兰(Greenland,1994)以及阿格雷斯提(Agresti,1990,1996)都已经深入讨论并强调 CR 模型和由考克斯(Cox,1972)提出的比例风险模型之间的关系。比例风险模型在流行病学和生存分析研究文献中是常见的模型,但是它的价值可以扩展到其他情境中。

　　CR 模型可以通过使用适当重构的数据集进行拟合,可以是 logit 关联函数也可以是互补双对数(clog-log)关联函数。重构的细节稍后解释,其实质是,从 $K-1$ 个子数据集中产生出一个新的数据集,其中,一个人的数据行与他或者她的结果分数一样多。该过程类似于为了偏比例比数分析而产生联结的数据集(concatenated date set)的过程,重要的一点例外是:纳入数据集的标准基于是否达到了特定熟练度水平。得到的数据集对应于表 4.1 中连续比分析的特定比较。一旦数据集联结起来,在已知已经至少取得那个类别的熟练度时,兴趣的结果就在于儿童是否超过某特定类别。以这种方式取得的数据集是条件独立的(Armstrong & Sloan,1989;Clogg & Shihadeh,1994;Fox,1997),因此,重构的数据集可以通过二分结果的统计模型来分析。

为了推导出所需的条件概率，对数据进行重构是必须的，在互补双对数关联情形下则是为了得到风险（hazard）。在流行病学文献中，风险比也被作为相对风险（risk）；它是两个风险的比值，而风险是明确的条件比例。另一方面，比数比是两个比数的比值，而比数是互补概率的商 $p/(1-p)$。当然，logit 模型中因变量取值的概率也可能是条件概率，它澄清了 logit 关联对连续比模型的有用性。我们在下面的例子中可以看到，两种关联函数有一些相似性，但是结构上却是不同的。

第一步，使用 logit 关联，被称为"logistic 连续比例模型"（Greenland，1994:1668）。模型将事件的次数作为离散量处理。定序结果 Y 并非必须为次数化的变量，接下来的讨论将会说明这一点。对于 ECLS-K 一年级数据，这个"次数"可以概念化为每个人在六个结果的各个不同水平来测量。让 $K = 6$ 个响应类别代表超过类别 j 的事件可能会发生的"次数"。进而每个人最多可能有 $K - 1 = 5$ 个事件发生的机会（因为没有观测到基于离散定序结果的样本中有人超过最高的类别）。对于每个人的每一次，高于类别 j 的事件，要么发生，要么不发生。产生两个新的变量：次数——也称为"水平"或者"阶段"；以及结果——接下来的讨论中称为"超过"：要么儿童超过了特定水平（1），要么儿童没有超过特定水平（0）。通过对数据集的简单重构（下面展示）和 logit 关联的使用，这种方法的结果在概念上类似于并接近于离散比例风险模型。使用 logit 关联的 CR 模型提供了儿童在已经达到或者超过某个类别的条件下超过该特定类别的比数。与累积比数模型类似，logistic CR 模型假设可以用来呈现数据的各个嵌套二分模型的斜率是同质性的（见表4.1）。在这种情况下，约束被称为等斜率或者平行比数假设。

第二种方法是将事件的次数作为连续量。在这种情况下，对重构数据集使用的是互补双对数关联，模型提供的是"连续次数下隐含的比例风险模型估计"（Allison，1995：212）。模型假设风险而非比数，在结果比例的各个层次上是平行的。与比例比数假设类似，平行斜率（或者风险）假设意味着解释变量的作用被设为在结果类别间是相等的。

比例风险模型在响应变量为定序时尤其有用，因为从群组连续模型中估计的变量作用，与使用互补双对数关联时的连续比例模型中的作用估计是等价的，之前考察的累积比数模型是一个例子（Läärä & Matthews，1985；McCullagh & Nelder，1989）。本德和本纳（Bender & Benner，2000：680）将群组连续模型类别定义为：

"群组连续模型"（grouped continuous model）的名称可以以如下观点解释：Y 是一个隐含的由分割点 j 所定义的潜在连续特征的离散变量，进而再以累积概率 g_j 的形式形成模型。然而，假设一个潜在连续变量的存在进而使用累积概率来描述定序类别在本质上也并不必要。

第 2 节 | **关联函数**

　　第 3 章描述了关联函数,采用的是将观测响应的变式 (transformation of the observed respinses)与原始数据"关联" 起来的形式。对于 logit 关联,作者首先将结果看成是某一类 别的概率的形式,称之为"成功"。接下来,我们得到成功的 比数,最终的变换涉及取这些比数的对数形式。令 $\pi(\underline{x})$ 表示 给定一系列协变量 $\underline{X}$ 的情况下成功的概率,logit 关联函数可 以写成:$g(y) = \ln[\pi(\underline{x})/(1-\pi(\underline{x}))]$。基于此 logit 关联,我 们拟合一个线性模型,从而成功响应的 logit 预测为:$g(y) = \alpha + \beta_1 X_{i1} + \beta_2 X_{i2} + \cdots + \beta_p X_{ip}$。如果使用 logit 关联,则 logistic 分布是该过程的倒数,所以:$\pi(\underline{x}) = \exp(g(y))/[1 + \exp(g(y))]$,因而 logistic 回归模型提供了对成功或者失败 原始概率的估计。相比其他关联函数,logit 关联通常更受青 睐,因为它以比数和比数比的形式解释结果更简洁。

　　logistic 分布函数提供了自变量和二分结果之间关系的 合理评估,但它不是唯一可供使用的分布。对于二分数据, 其他同等效力的关联函数及其对应的分布包括 probit 关联 函数以及它的倒数——累积标准正态分布,互补双对数函数及 其倒数,极值分布。福克斯(Fox,1997)提供了这些变换的 大致描述,有兴趣的读者也可以参考布鲁雅(Borooah,

2002)、麦卡拉和尼尔德(McCullagh & Nelder，1989)以获得关于这些以及其他关联方法的具体信息。

互补双对数关联函数对转换的响应以如下方式建模：$g(y) = \log(-\log(1-\pi(\underline{x})))$，这里 $\pi(\underline{x})$ 代表给定某系列协变量时"成功"的概率。在连续比模型中，$\pi(\underline{x})$ 是条件概率，即 $\pi(\underline{x})$ 代表的是某人一旦取得某一特定阶段后继而超过该阶段的概率，或者是它的互补，即某人在取得某一特定阶段后并没有超过该阶段的概率。基于该变换的线性模型是：$g(y) = \alpha + \beta_1 X_{i1} + \beta_2 X_{i2} + \cdots + \beta_p X_{ip}$。如果使用互补双对数关联，该过程的倒数是极值分布，于是 $\pi(\underline{x}) = 1 - \exp(-\exp(g(y)))$。

第 3 节 | 相关的概率

CR 模型的兴趣概率是在已知某人已至少取得任意特定类别时,超过该类别的概率,$\delta_j = P(Y_i >$ 类别 $j \mid Y_i \geqslant$ 类别 $j)$。这些比例是条件概率,而非累积概率,预测条件概率的过程也不同于 CO 模型中使用的过程。尤其是,随着 j 的增加,所有小于 j 的响应个案都被各个 logit 比较的模型舍弃。注意,δ_j 的互补 $1 - \delta_j$,等于 $1 - P(Y_i >$ 类别 $j \mid Y_i \geqslant$ 类别 $j) = P(Y_i =$ 类别 $j \mid Y_i \geqslant$ 类别 $j)$。这实际上是通过比例风险模型寻求的概率。如果次数是连续的,而我们的兴趣在于对事件发生的次数(用 T 表示)建模,则风险比例描述的是已知 T 尚未发生时,T 将在任意间距(可能会非常小)内发生的概率。如埃里森(Allison,1995)所描述的,通过对概率求极限得到风险:

$$h(t) = \lim_{\Delta t \to 0} \frac{P(t \leqslant T \leqslant T \geqslant t)}{\Delta t}$$

在某种意义上,该极限在 $P(T = t \mid T \geqslant t)$ 处收敛,这也是为何风险有时候也被称为失败率。坦巴克尼克和芬戴尔(Tabachnick & Fidell,2001:779)将风险率或者失败率描述为"未能存活到某间距中点的比例,已知在间距开始处存活"。在定序结果的情形下,存活意味着当达到 j 水平后继续朝着超过该水平的响应移动的情况，而未能生存意味着某人在达到 j 水平后在水平 j 处停止并不再向前，与生存时间不同，我们是生存事件——已知已达到类别 j 时，个人要么超过该类别 j，要么没能超过。那些未能达到类别 j 的人在早些时候就失败了，因此不会包括在超过他们最后取得的阶段的概率计算中。这些估计概率可以通过使用连续比例模型直接得到。

为了得到连续比例模型，数据必须重构以反映每个个体是否在每一个响应水平上存活。之后，发展出使用 logit 关联的 CR 模型与比例风险模型的方法是一致的。通过 logit 关联模型获得的概率估计了"正存活着"的条件概率，即已知已至少取得某特定掌握的程度，在早期阅读连续体上取得更高阶段的概率。当对同样的重构数据集使用互补双对数关联函数时，分析等价于离散时间比例风险模型（Allison，1999）。对于 ECLS-K 数据，通过重构数据集的互补双对数关联模型得到的概率也是条件概率，估计的是已知至少取得某给定水平的掌握度，再沿着早期阅读能力连续体水平超过更高阶段的概率。接下来的例子将会描述，使用互补双对数关联的模型斜率估计等价于在累积比数分析中对原始数据使用互补双对数关联（Läärä & Matthews，1985）。

第 4 节 | 因变量的向性和
连续比例的形成

　　在思考一些例子之前应该意识到,定序结果的编码方向
选择很重要,因为该选择在连续比例方法中变得极为重要。
编码本身完全由研究者决定,在这个意义上只要保持方向的
一致性则其他部分完全可以是随意的。例如,数字 0,1,
2,…,5 是用来表明是否掌握早期阅读能力(表 2.1)。也可
以使用相反的情况,例如,0 表示取得 5 级的掌握度,而 5 代
表未能取得 1 级的技能。早些时候我们在累积比数模型中
看到,对结果的解释在相反的编码方案中仍然完全相同,尽
管斜率所代表的作用的方向也是相反的(例如,与全 CO logit
模型中性别的斜率是－0.500 相反,如果结果变量使用相反
的编码体系的话,则斜率将会是＋0.500)。SAS 中升序和降
序选项仅改变兴趣结果建模的方式。例如,在 CO 模型中如
果使用降序选项的话,我们得到 $P(Y >$ 类别 $j)$ 而非 $P(Y \leqslant$
类别 $j)$。在 CO 模型中,变量的作用并不会因为结果如何编
码而发生变化。然而,当我们开始考虑条件概率估计时,我
们推导出的模型以及它们的解释则明确依赖于这些定序结
果的编码方式——要么增加要么减少。只要谨慎的分析者
意识到他或她想要从数据中探询的问题并对应于这些问题

正确地设置定序结果的编码,那么就不会混淆。在以下例子中,这种对应将会更明显。

有若干种建构连续比例模型的独特方式,它们被称为"向前的连续比例"或者"向后的连续比例"(Bender & Benner,2000;Clogg & Shihadeh,1994;Hosmer & Lemeshow,2000)。这些特点不会通过简单地将结果类别的顺序颠倒而得到,因为结果编码颠倒后 CR 模型并非不变(Allison,1999;Greenland,1994)。这里呈现的模型使用的是向前的方法,它是与六个层级结构的早期阅读能力类别的进步过程自然对应的。尤其是当兴趣在于对已知第 i 个儿童已至少取得某一特定类别,他或她会超过该类别的概率进行建模时。对于解释变量的集合,$\underline{x}$,兴趣概率是 $P(Y_i >$ 类别 $j \mid Y_i \geqslant$ 类别 j,$\underline{x}$)。注意,该事件的互补是 $1 - P(Y_i >$ 类别 $j \mid Y_i \geqslant$ 类别 j,$\underline{x}) = P(Y_i =$ 类别 $j \mid Y_i \geqslant$ 类别 j,$\underline{x}$)。稍后将会展示这种向前连续变量的特殊构造是如何与使用原始数据的互补双对数关联分析结果相一致的。

第 5 节 | 使用 logit 关联和重构数据的连续比例模型

对于 ECLS-K 一年级的例子,我们首先以这些条件概率的形式重新考虑原始数据,如表 5.1 中提供的单个解释变量——性别。令要求的概率 $P(Y_i >$ 类别 $j | Y_i \geqslant$ 类别 $j,$ $\underline{x})$ 用 δ_j 来表示,$j = 0, 1, \cdots, 5$。已知处于某类别或者更高,再超过该特定类别的比数,通过计算 $\delta_j/(1 - \delta_j)$ 得到。从表 5.1 中我们可以看到,男孩和女孩超过某一特定熟练度水平的条件概率 δ_j,通常在类别间都是降低的,尽管男孩的 δ_j 在类别 3 和类别 4 间稍微上升。从总体上看,随着取得更高的早期阅读技能,儿童愈加不大可能超过更高的类别。对于男孩,已知超过的可能性小于女孩超过的可能性。表 5.1 中男孩和女孩的比数对应于这些观测的条件概率模式。通过这些数据,女孩超过的比数,以她已经取得某给定的熟练度水平的事件为条件,总是比男孩对应的比数要大。这些数据的比数比(男孩对女孩的)看起来并不类似。男孩的超过比数是女孩的 0.3833 到 0.7705 倍不等,直到最终阶段(类别 4 对类别 5),两个性别超过的可能相同(比数比 = 0.9477)。

如早些时候提到的,对这些数据使用 CR 模型拟合的过程涉及将这些数据重构以使得每个儿童有他或者她的结果

表 5.1　观测的 ECLS-K 性别频次(f)，类别概率(p)，以及条件概率 P(已知至少类别 j 时超过类别 j)(δ_j)

	类			别			
	0	1	2	3	4	5	总计(f)
男孩	48	163	320	735	256	151	1673
f	0.0278	0.0974	0.1913	0.4393	0.1530	0.0903	1.0000
p	0.9713	0.8997	0.7811	0.3564	0.3710	—	—
δ_j	0.0287	0.1003	0.2189	0.6436	0.6290	—	—
$1-\delta_j$	48	163	320	735	256	151	1673
女孩							
f	19	115	274	747	331	206	1692
p	0.0112	0.0680	0.1619	0.4415	0.1956	0.1217	1.0000
δ_j	0.9888	0.9313	0.8241	0.4182	0.3836	—	—
$1-\delta_j$	0.0112	0.0687	0.1759	0.5818	0.6164	—	—
Odds							
男孩	33.84	8.970	3.568	0.5538	0.5898		
女孩	88.286	13.556	4.685	0.7188	0.6223		
OR	**0.3833**	**0.6617**	**0.7616**	**0.7705**	**0.9477**	—	—

分数所允许的足够多的行(Allison，1999；Bender & Benner，2000；Clogg & Shihadeh，1994)。从根本上说，重构的数据集包含了五个联结但不同的数据集，以某儿童是否超过了各个类别的形式代表六个熟练程度的结果。第一个数据集包括了所有的观测，那些熟练度分数超过 0 的儿童获得一个值为 1 的新变量"超过"(beyond)；否则就得到一个值为 0 的"超过"变量。第二个数据集舍弃了那些没有取得至少 1 级的儿童，接下来重复以上的过程，即熟练度分数超过 1 的儿童获得一个值为 1 的"超过"变量，否则为 0。在下一个数据集中，熟练度为 1 级的儿童被舍弃(伴随着那些更早被舍弃的儿童)，超过熟练度 2 级的儿童在"超过"上得分为 1，否则为 0。最终的阶段仅包括那些至少达到了 4 级熟练度的儿童，如果

他们继续往前进而掌握了 5 级，他们将会在"超过"上得分为 1，否则为 0。本例中，在类别 3 上停止并出局（停止被测试）的儿童将会对联结数据贡献 4 行的信息，其"超过"分数分别是 1，1，1 和 0，分别代表着从 0 类到 3 类的进步过程。附录中的句法 C1 展示了如何在 SAS 中生成这些重构数据集；同等的过程也可以在 SPSS 中实现。总体上，重构数据集的总体样本规模将会对应于每一步所包括的人数。对于 ECLS-K 例子，这就是 $n = 1 \times f(0) + 2 \times f(1) + 3 \times f(2) + 4 \times f(3) + 5 \times (f(4) + f(5)) = 13053$。

　　"超过"变量现在是新的兴趣结果变量。我们感兴趣的是控制了阶段（或者数据集或者条件 logit 比较）时的 P（超过＝1），可以通过降序选项和 logit 关联在 SAS 的 LOGISTICS 过程实现（句法 C2）。在重构句法中，"crcp"项（连续比数分割点的首字母缩略词）表明所指的是哪个 logit 比较或者数据集或者阶段（类别）。这些变量再被虚拟编码（dumcr0 到 dumcr3），在分析中将最终比较作为参照。仅有性别作为预测变量的二分 logistic 模型的概要结果在表 5.2 中呈现，该表也包括了五个仅有性别的二分 logistic 回归结果，这些回归对应于稍早在表 4.1 中呈现的各个嵌套的连续比例分割。因为这些模型本质上不同于第 4 章呈现的 CO 模型，CO 模型和 CR 的 logit 关联分析的斜率不应该拿来做比较。CR 和 CO 的 logit 关联模型预测的是非常不同的概率集。

　　在解释 CR 分析的结果时，首先要提出的问题是模型是否拟合。这有两部分的含义：(1) 模型总体拟合，可以通过比较拟合模型和虚无模型，或者是截距模型的似然值；(2) 在不同响应水平比较间考察 logit 模型的平行比数假设，或者均等斜率假设。

如表 5.2 中所见,拟合模型比虚无模型能更好地再现数据,$\chi_5^2 = 4070.84$,$p < 0.0001$。这对各个单独的隐含条件 logit 模型也都成立,除了最后的比较,即处于 4 级和 5 级的儿童间的比较。因此,考察全局 logistic CR 模型的简洁性相对于用分开的模型同时拟合是否更好地代表了数据就显得很有理由了。该考察也将提供对平行比数假设的综合检验。

表 5.2　使用重构数据集的 CR 模型(logit 关联),$N = 1053$;以及五个条件二分 logistic 回归模型的各个 logistic 回归结果($P($超过类别 j | 响应至少在类别 j))

	CR	0 vs. above	1 vs. above	2 vs. above	3 vs. above	4 vs. above
Intercept	−0.3763 **	4.478 **	2.606 **	1.545 **	−0.330 **	−0.474 **
dumcr0	4.4248 **					
dumcr1	2.9113 **					
dumcr2	1.9283 **					
dumcr3	0.0578					
gender	−0.2865 **					
(OR)	**(0.751)**	**(0.384)**	**(0.662)**	**(0.762)**	**(0.770)**	**(0.948)**
Model fit						
−2LL(model)	10021.534	643.899	1896.43	2985.67	3233.103	1251.899
$\chi^2(df)$	4070.84[b](5)	13.568(1)	10.683(1)	8.830(1)	9.740(1)	0.157(1)
	$p < 0.0001$	$p < 0.001$	$p = 0.001$	$p = 0.003$	$p = 0.002$	$p = 0.692$

注:a. 似然比卡方。

b. 该检验是基于 $n = 13053$ 个观测。

** $p < 0.01$。

与偏比例比数模型类似,也可以产生自变量性别和代表连续比数分割点的各个虚拟编码变量之间的交互项。如果均等斜率假设成立,就不应期望交互项能够必然改善模型的拟合。如果有自变量和分割点间的交互项,就表明自变量的作用在分析的分割点间不是同质性的。通常,解释变量和分割点指标编码之间的交互项能够用来产生无约束的 CR 模型,在其中所有解释变量的作用被允许在不同分割点间变动;抑或是产生偏 CR 模型,在其中平行性的假设被放宽到仅对解释变量的子集。这种方法反映了第 4 章中呈现的无比例或者偏比例比数模型。

再将四个交互项加到六个参数的附加模型上。交互模型的最终 $-2LL_{int}$ 是 10011.002(分析未予展示),均等模型是 $-2LL_{no-int} = 10021.534$。它们的差异是 10.532 及四个自由度(加到模型上的交互项个数)。该差异超过了临界 $\chi^2_{4,0.05} = 9.49$,但没有超过 $\chi^2_{4,0.01} = 13.28$。考虑到大样本规模,我们有理由假设交互项的一组斜率在统计上并没有显著不等于 0。然而,单个二分 logistic 回归的斜率估计和比数比提供了关于性别在不同响应水平上的有用信息,这些信息与通过全局或者更简洁的 CR(无交互的)方法并不明显。也许我们需要额外的解释变量,但亦可能是平行比数的假设不适合数据。尽管平行比数假设在 $\alpha = 0.05$ 水平上边际显著,但为了教学的目的,我们将继续探讨与均等斜率假设下的 CR 模型相关联的统计量和结果。

注意,表 5.2 中单独的二分 logistic 回归模型的变异($-2LL$(模型))总和与以上描述的交互的 CR 分析的模型变异相等($\sum[-2LL(模型)] = 10011.002$)。嵌套的二分体(nested dichotomies)是独立的(Fox, 1997),因此,"各个 G^2(变异)统计量的总和是与同时拟合模型相关的总体拟合优度统计量"(Agresti, 1996:219)。

为了更进一步考察平行比数的假设,我们需要回顾一下来自单独二分 logistic 回归的斜率和比数比,并将其与 CR 的结果做非正式比较。作为替代，采用一种类似于将多个模型变异相加的过程，对 CR 分割系列模型中的每个变量都执行将 Wald 检验统计量相加的方法（Fox，1997）。无论采用何种方法，回顾单独分割的 logistic 回归结果总是明智的；这也是此处采用的方法。

回到表 5.2 的估计，logistic CR 模型的性别作用是 $-0.2865(p < 0.01)$，对应的比数比是 $\exp(-0.2865) = 0.751$。该比数比概述了早些时候在原始数据中看到的趋势（表 5.1）：男孩相对女孩不大可能超过某一特定的熟练度水平。为了计算条件比较的估计比数比，可以用 CR 模型来计算 logits。在所应用的虚拟编码方案中将最后的比较作为参照，我们可以用截距来得到超过熟练度 4 级的 logit，也就是：对于 $(Y > 4 \mid Y \geqslant 4)$ 的 $\text{logit}_{cr4} = -0.3763 + (-0.2865 \times 性别)$。对于男孩，$\text{logit}_{cr4} = -0.6628$；对于女孩，$\text{logit}_{cr4} = -0.3763$。通过这些值，可以得到估计的条件概率。对于男孩，$\hat{\delta}_4 = [\exp(-0.6628)/(1 + \exp(-0.6628))] = 0.3401$；女孩的 $\hat{\delta}_4$ 是 0.4070。最后可以得到男孩和女孩的比数比，并计算出估计的 $\text{OR}_4 = 0.7509$。所有比较的预测在表 5.3 中概述。使用 CR 模型，所有连续比例分割点的比数比都相等并大约等于 0.75。CR 模型将这些比数在相继的条件类别比较间约束为相等。

将表 5.3 中从 CR 模型中估计的比数比与实际的性别比数比相比较，我们可以看到，定序熟练度尺度的中间具有比两端更大的相似性。尽管共同比数比是预期的方向，并且总体模型可以解释为表明男孩对于女孩更不大可能超过任何熟练度类别，这种变量作用同质性的缺乏需要研究者在模型简洁性和明确阐述变量作用之间作出决定。

表 5.3 $P(Y > j \mid Y \geqslant j)$ 的观测比例 (δ_j)，预测和观测的以及估计的
性别模型的比数比，logit 关联的 CR 分析

	类			别		
	0	1	2	3	4	5
男孩						
δ_j	0.9713	0.8997	0.7811	0.3564	0.3710	
logits	3.762	2.2485	1.2655	−0.6050	−0.6628	—
$\hat{\delta}_j$	0.9773	0.9045	0.7798	0.3532	0.3401	—
$(1 - \hat{\delta}_j)$	(0.0227)	(0.0955)	(0.2202)	(0.6468)	(0.6599)	
女孩						
δ_j	0.9888	0.9313	0.8241	0.4182	0.3836	
logits	4.0485	2.535	1.552	−0.3185	−0.3763	
$\hat{\delta}_j$	0.9829	0.9266	0.8252	0.4211	0.4070	
$(1 - \hat{\delta}_j)$	(0.0171)	(0.0734)	(0.1748)	(0.5789)	(0.5930)	
OR(obs.)	0.3833	0.6617	0.7616	0.7705	0.9477	—
OR(est.)	0.7490	0.7502	0.7501	0.7508	0.7509	

从表 5.2 中条件数据集中得到的二分 logistic 回归模型
可以看到，更多关于性别效应异质性的证据，在量级和统计
显著性两方面都是如此。对于二分模型，性别对对数比数的
作用范围在 −0.054 到 −0.956 之间，平均的斜率是 −0.391。
该平均斜率对应的比数比是 0.676。对于最后一个二分 logit
比较（$Y > 4 \mid Y \geqslant 4$），性别的作用在统计上并不显著，它的
比数比接近 1。尽管 CR 模型给出了不同类别间性别效应的
简洁描述，而且平均来讲它与单个的拟合看起来也相对应，
但在使用拟合的 CR 模型时还是有一些顾虑。在一些研究情
形下，呈现并讨论单独的比较也许比仅关注于 CR 模型全局
化的结果更加符合情理且信息量更多。

CR 模型的目的是在已知已达到或者超过该熟练度水平

的情况下,考察超过某一给定熟练度水平的概率。表 5.3 中模型的预测应该充分地再现了与各个连续比例相关联的观测条件比例 $P(Y>j\mid Y\geqslant j)$。基于 CR 模型分析的结果,其将性别的作用在连续比例分割点间约束为均等,模型的预测看起来与观测到的条件概率非常接近,对男孩和女孩都是如此。为了今后的参考,表 5.3 也提供了估计的互补概率。这些互补概率是 $P(Y=j\mid Y\geqslant j)$,来自作者之前对风险或者失败率的估计的讨论,也即未能超过熟练度类别 j 的概率。

这些数据的 Somer's D 是 0.691,表明在超过某给定类别的观测概率和预测概率之间良好的对应,尽管这个等级相关系数(rank-order correlation coefficient)是重构的二分结果数据而非原始定序因变量的。似然比 $R_{\rm L}^2=0.289$,表明 CR 模型相对于虚无模型或截距模型在变异上的适当缩小;再次,该系数是针对重构的二分结果数据集的。

为了通过 $\tau_{\rm p}$ 和 $\lambda_{\rm p}$ 考察预测有效性,可以使用估计的条件概率来构建分类表。SAS 将会把 $N=13053$ 个个案的每个 P("超过" $=1$)存储到重构的数据集中。然而,将该数据集汇总到原始规模的样本是有问题的,因为仅有那些包含在各个条件比较的人群才会在那个分割中有预测。因此,生成分类表的简便办法是将模型估计输入统计软件并在原始数据集中使用这些估计($N=3365$)来计算基于性别的 logit。然后 logit 可以被转化为条件比例,$\hat{\delta}_j=\exp(\text{logit}_j)/(1+\exp(\text{logit}_j))$,于是各个儿童都有一个对每个条件比较 $P(Y>$ 类别 $j\mid Y\geqslant$ 类别 $j)$ 的估计,该过程将得到与表 5.3 中相同的估计。

于是可以使用以下方程式得到类别概率(Läärä & Matthews，1985）：

$$(1 - \delta_j(\underline{x})) = \frac{\pi_j(\underline{x})}{1 - \gamma_{j-1}(\underline{x})}$$

这里 $\delta_j(\underline{x}) = P(Y >$ 类别 $j \mid Y \geqslant$ 类别 $j, \underline{x})$，$\pi_j(\underline{x}) = P(Y =$ 类别 $j \mid \underline{x})$，$\gamma_j(\underline{x}) = P(Y \leqslant$ 类别 $j \mid \underline{x}) = \pi_0(\underline{x}) + \pi_1(\underline{x}) + \pi_2(\underline{x}) + \cdots + \pi_j(\underline{x})$。移项以求得类别概率 $\pi_j(\underline{x})$，得到：$\pi_j(\underline{x}) = (1 - \delta_j(\underline{x})) \times (1 - \gamma_{j-1}(\underline{x}))$。这就得到六个类别概率，响应变量的每个水平各一个。个体类别属性被指派到该儿童所拥有的最大概率的类别上。该过程的句法在附录 3 的句法 C8 中可以找到。

对于仅有性别的模型，logistic CR 模型将所有的儿童预测到类别 3。这与第 4 章的 CO 模型类似，$\tau_p = 0.23$，$\lambda_p = 0$。尽管估计概率的模式可能是有信息的，但单变量模型看起来在熟练度分类精确性上不是很有用。然而，这里所勾画出的方法可以应用到更复杂的 CR 分析以及其他定序数据集中领域中。

第 6 节 │ 使用互补双对数关联的连续比例模型

由于其与隐含的二分 logistic 回归模型的直接对应关系，logit 关联函数经常在需要连续比数模型的研究中使用。一个替代的关联函数是互补双对数（clog-log）关联函数，它以风险比而非比数比的形式提供对结果的解释。附录 3 的 C3 中包括了使用重构数据集的互补双对数关联 CR 分析的句法，与之前的 logit 关联分析相比有两处变动。第一，关联要求是互补双对数。第二，为了将模型估计的参数解释为风险比率，使用的是升序方法而非降序方法。也就是说，对于重构的数据集，我们希望预测的是 $P($"超过" $= 0)$ 而非 $P($"超过" $= 1)$。

条件概率 $P(Y_i =$ 类别 $j \mid Y_i \geqslant$ 类别 $j)$ 提供了对风险的估计。使用互补双对数关联的升序选项，该估计概率是 logit 关联模型的互补；也即 logit 模型估计的是超过类别 j 的条件概率，或者是 $P(Y_i >$ 类别 $j \mid Y_i \geqslant$ 类别 $j)$，而这里构建的互补双对数模型估计的是在类别 j 上停止并退出的条件概率 $P(Y_i =$ 类别 $j \mid Y_i \geqslant$ 类别 $j)$。这种对应允许两种关联函数估计的连续比例和/或它们的互补可以直接比较。不用升序选项时，拟合的互补双对数模型会估计出一套完全不同的条件概率，名义上是 $P(Y_i <$ 类别 $j \mid Y_i \leqslant$ 类别 $j)$。我们必须谨慎

行事以确保合适的兴趣事件(这里是 $Y =$ 类别 $j \mid Y \geqslant$ 类别 j)以及它的互补(这里是 $Y >$ 类别 $j \mid Y \geqslant$ 类别 j)与研究者所感兴趣的预测相匹配。表 5.4 中的前两列提供了使用 SAS 的 logistic 回归过程的分析结果。

表 5.4　使用互补双对数关联的 CR 模型参数估计，基于重构的数据集 $N = 13053$，以及原始数据集 $N = 3365$

重　　构		原　　始	
Intercept	-0.1166^*	Intercept0	-4.0091^{**}
dumcr0	-3.8924^{**}	Intercept1	-2.3257^{**}
dumcr1	-2.4146^{**}	Intercept2	-1.2173^{**}
dumcr2	-1.5013^{**}	Intercept3	0.1444^{**}
dumcr3	-0.0350	Intercept4	0.7155^{**}
性别	**0.1976^{**}**	**性别**	**0.1976^{**}**
Model fit			
$-2LL(model)$	10026.201		10026.201
$-2LL(null)$	14092.374		10053.980
$\chi^2(df)$	$4066.173^{**}(5)$		$27.7511^{**}(1)$

注：$* p < 0.05$；$** p < 0.01$。

互补双对数关联函数转换观测概率的方式与使用 logit 关联的方法非常不同。通过互补双对数关联函数得到的值不是比数的对数，而是风险的对数，因此它代表了比例风险模型。与前一部分表 5.1 中的 logit 关联类似，响应变量基于条件概率转换：$p = P(Y =$ 类别 $j \mid Y \geqslant$ 类别 j)。然而，这里 logit 被定义为比数的对数，互补双对数被定义为互补概率负对数的对数：$\text{clog-log} = \log[-\log(1-p)]$。为了使用互补双对数预测将数据还原到条件概率，使用该过程的倒数：$p\text{-}hat = 1 - \exp[-\exp(\text{clog-log})]$。因为在比例比数模型中，对数据有一项限制性假设：比例风险。该假设要求风险[风险 $= \exp(\text{clog-log})$]在响应变量的各个不同水平上保持同质比例性。

基于附录 3 中的句法 C3，我们可以从表 5.4 中的结果概要看到模型拟合得比虚无模型好，$\chi_5^2 = 4066.173$，$p < 0.0001$。在该分析中，性别对互补双对数的作用是 +0.1976，统计上显著不等于 0（$p < 0.01$）。辛格和威利特（Singer & Willett，2003：424）指出不论选择何种关联函数，我们都将模型中的估计指数化以方便解释：“一个来自 logit 关联模型的反对数系数是比数比，而一个来自互补双对数关联模型的反对数系数是风险比。”将当前模型的性别作用指数化，我们得到风险比 HR = exp(0.1976) = 1.218。对于从 0 到 5 的所有响应水平，男孩处于特定类别 j 而非超过它的风险，而女孩被假设为固定在 1.28。为了理解这对数据意味着什么，互补双对数模型的模型估计和预测概率在表 5.5a 中提供。记号 $h\hat{\delta}_j$ 用来表示基于互补双对数关联模型的预测条件概率以区分通过 logit 关联分析估计的条件比例。

表 5.5a $P(Y > j | Y \geq j)$ 的观测比例（δ_j），预测，估计风险和互补，以及性别模型的估计风险比，互补双对数关联的 CR 分析（使用重构数据集）

	类			别		
	0	1	2	3	4	5
男孩						
$\delta_{j(obs)}$	0.9713	0.8997	0.7811	0.3564	0.3710	—
clog-log	−3.8114	−2.3336	−1.4203	0.046	0.081	
$h\hat{\delta}_j$	0.0219	0.0924	0.2147	0.6490	0.6619	
$1-h\hat{\delta}_j$	0.9781	0.9076	0.7853	0.3510	0.3381	
女孩						
$\delta_{j(obs)}$	0.9888	0.9313	0.8241	0.4182	0.3836	
clog-log	−4.009	−2.5312	−1.6179	−0.1516	−0.1166	—
$h\hat{\delta}_j$	0.0180	0.0765	0.1780	0.5766	0.5893	—
$1-h\hat{\delta}_j$	0.9820	0.9235	0.8220	0.4234	0.4107	
HR[a](est.)	1.218	1.218	1.218	1.218	1.218	—

注：$h\hat{\delta}_j = p\text{-}hat = P(Y = $ 类别 $j \mid Y \geq$ 类别 $j)$。
a. 风险 = exp(clog-log)；风险比 HR =（风险（男孩）/风险（女孩））。

通过拟合模型决定的风险,能够最好地理解男孩对女孩的预测概率。通过升序选项,预测是针对 $h\hat{\delta}_j = P(Y = j \mid Y \geqslant j)$;这与 logit 关联的 CR 分析得到的预测是互补的。通过互补双对数模型得到的互补概率,$1 - h\hat{\delta}_j = P(Y > j \mid Y \geqslant j)$,也在表 5.5a 中予以呈现。

在这些模型里,男孩在性别上的编码是 1,女孩是 0。切割点使用的虚拟编码表明,截距对应于从 $Y = 4$ 到 $Y = 5$ 的不同。为了得到男孩的第一个连续比例(将 $Y = 0$ 与 $Y \geqslant 0$ 比较)的互补双对数估计,我们有(表 5.4):clog-log$_{男孩,0}$ = $-0.1166 + (-3.8924) \times$ dumcr0 + $(0.1976) \times$ 性别 = -3.8114。对于女孩模型估计对应于 clog-log$_{女孩,0}$ = $-0.1166 + (-3.8924) \times$ dumcr0 = -4.009,将各个互补双对数指数化再取男孩对女孩的比值,得到风险比 HR = $\exp(-3.8114)/\exp(-4.009) = 1.218$。这正是模型在所有的连续比例比较中约束为相等的比例。基于表 5.5a 中互补双对数估计而计算出的对各个连续比例比较的风险比都等于 1.218,含舍入误差。男孩未能超过的风险被假设为比女孩的大,并在条件连续比例分割点间一致。这说明男孩不大可能比女孩取得更高的阅读熟练水平,这与 logistic CR 模型的结果是一致的。

为了考察均等斜率假设,将代表了性别和各个分割之间交互的四个交互项加入到模型中,$-2LL_{int} = 10011.002$(分析未予展示),与 $-2LL_{non-int} = 10026.201$ 比较时,差异是 $\chi^2_4 = 15.20$,超过了 $\chi^2_{4,0.005} = 14.86$。这表明单个解释变量性别在不同结果类别间的风险不是平行的。然而,为了演示的目的,我们将继续探讨平行斜率模型参数估计和预测概率的解释。

表 5.5b　$P(Y > j | Y \geqslant j)$ 的观测比例（δ_j），预测，估计风险和互补，以及性别模型的估计风险比，互补双对数关联的 CR 分析（使用原始数据集）

	类			别		
	0	1	2	3	4	5
男孩						
δ_j	0.9713	0.8997	0.7811	0.3564	0.3710	
clog-log	−3.812	−2.122	−1.020	0.3420	0.9131	—
$c\hat{\delta}_j$	0.0219	0.1123	0.3028	0.7553	0.9173	—
$1 - c\hat{\delta}_j$	0.9781	0.8877	0.6972	0.2447	0.0827	
女孩						
δ_j	0.9888	0.9313	0.8241	0.4182	0.3836	
clog-log	−4.009	−2.323	−1.217	0.1444	0.7155	—
$c\hat{\delta}_j$	0.0180	0.0931	0.2562	0.6850	0.8707	—
$1 - c\hat{\delta}_j$	0.9820	0.9069	0.7438	0.3150	0.1293	
HR[a]（est.）	1.218	1.218	1.218	1.218	1.218	—

注：$c\hat{\delta}_j$ = 累积概率。

a. 风险 = exp(clog-log)；风险比 HR =（风险（男孩）/（风险（女孩））。

　　估计的条件概率用 $h\hat{\delta}_j$ 表示，可以通过性别模型中预测互补双对数的关联函数的倒数来求得。也就是：$p\text{-}hat = h\hat{\delta}_j = 1 - \exp[-\exp(\text{clog-log})]$。我们可以将互补预测值 $1 - h\hat{\delta}_j$ 与表 5.5a 中的第一行的观测连续比例相比较，它们与实际数据间紧密的对应关系就很清楚了。

　　基于互补双对数关联的预测比那些通过 logit 关联得到的预测更精确吗？对于互补双对数关联，$R_L^2 = 0.289$，Somers' D = 0.691，这与 logit 关联模型是一样的（允许舍入）。两种关联函数看起来都表现得很好。就预测效率来讲，我们可以看到两种关联函数背后相同的预测概率模式；简单模型中仅有性别作为预测变量，男孩和女孩的估计熟练度都是三级；因此，$\tau_p = 0.23$ 且 $\lambda_p = 0$。分类表是通过一种与 logistic CR 分析之后类似的过程推导出来的，并对预测互补双对数而非 logit 求解。当生成分类表时互补概率没必要解出来（如果将附录 3 C8 中的句法修改），因为对于升序互补双对数模型预测概率已经是 $h\hat{\delta}_j = P(Y = 类别\ j \mid Y \geqslant 类别\ j)$。基于预测有效性统计，没有表现出对 logit 或者互补双对数关联的明显偏好。然而，logit 模型的确比互补双对数模型更好地满足了均等斜率假定。

第 7 节 | 关联的选择和两个互补双对数模型的等价

通常，在 logit 或者互补双对数关联函数下的 CR 模型拟合统计量能够比较，如我们在这里看到的。关联函数之间的选择归结到对某种方法优势的偏好问题，以及对数据如何生成的概念思考。logit 关联的优势在于它以比数和比数比的形式来解释的简洁性。互补双对数关联的优势在于它以风险和风险比的形式解释，并且它的方向与比例风险模型相关。对于这里呈现的分析，"次数"并不是数据如何生成的结构性部分，所以支持 logit 方法的观点可能会更强一些。然而，无论哪种关联函数，特定阶段的交互可以直接包括并被嵌套到模型中，所以对均等斜率假设的考察可以轻易进行。

然而，在计算上，重构大的数据集以拟合连续比例模型可能会变得较为繁琐，尤其是当响应变量的水平数目增加时。通过互补双对数关联，可以使用原始数据集，并应用前一章的比例比数模型。如马修斯等人（Matthews et al.，1985）所展示的，这种方法的结果可以与通过应用重构数据集的互补双对数关联得到的连续比例模型直接比较。两种模型得到相同的变量作用，可以提供以风险比的形式在数据中的直接解释模式。进一步说，通过这种方法，SAS 和 SPSS 都提供对均等斜率假设的检验。然而,在使用重构数据集时,CR 模型提供了条件概率的估计,累积 CR 模型提供的是累积概率的估计。附录 3 中的句法 C4 展示了如何在 SAS 中使用升序选项拟合模型;因此,模型预测的是 $P(Y \leqslant$ 类别 $j)$。等价的 SPSS 命令在附录 3 的 C5 中给出。使用原始数据集的性别作为单个解释变量的 SAS 结果在表 5.4 的第二部分给出。

首先要注意到性别的作用,$b = 0.1976 (p < 0.01)$,在两个互补双对数模型中相等。就解释变量的效应来说,对有二分结果的重构数据集使用互补双对数关联和在累积比数模型中使用互补双对数关联是等价的。两种方法的参数估计都是以风险的形式解释的。如稍早看到的,男孩未能超过某一给定熟练度水平的风险是女孩风险的 $\exp(0.1976) = 1.28$ 倍。然而,两个互补双对数关联模型的截距值并不相等,这通常归咎于两种模型迥异的结构。不应期望截距可比,因为一种模型预测条件概率(重构数据集的互补双对数关联)而另一种预测的是累积概率(原始定序数据的互补双对数关联)。以概率的形式进行的预测并不等价。

使用互补双对数关联对重构数据的预测在表 5.5a 中给出;使用互补双对数对原始数据集的累积 CR 模型的预测在表 5.5b 中给出。回忆下预测概率是通过 p-hat $= 1 - \exp[-\exp(\text{clog-log})]$ 得到的。这里,用 $c\hat{\delta}_j$ 来将之前分析的那些概率与这些概率进行区分。累积 CR 模型的预测可以与表 4.2 中的实际累积概率进行比较。从累积概率的形式看,模型似乎很好地反映了数据。然而,一个变量的模型的拟合证据却很小。该分析的 Somer's D 是 0.079,$R^2_{\text{L}} = 0.003$。对于虚拟 R^2 我们得到:$R^2_{\text{CS}} = 0.008$,$R^2_{\text{N}} = 0.009$,$\tau_{\text{p}} = 0.23$,

$\lambda_p = 0$，因为仅有性别的累积模型将所有的儿童预测到类别 3 中，不论关联函数为何。

均等斜率假设的检验得到一个 $\chi_4^2 = 14.95$，$p = 0.0048$。表明参数估计在类别间不等价。布兰特（Brant，1990）发现了计分检验的若干问题，即使不考虑关联函数。大样本倾向于得到小的 p 值，所以基于计分检验的结论可能是有缺陷的；也就是说，拒绝比例比数假设的决定也许并不意味着针对任何或者所有解释变量的类别比较间实际含义的不同。此外，计分检验仅提供了对平行斜率假设缺乏拟合的全局评估，并没有关于违背假设的实质等信息。如在第 4 章中强调的，布兰特建议考察一下伴随着定序分析的隐含二分模型，目的是为了"评估模型的充分度，同时获得关于数据复杂性的额外洞见"（Brant，1990:1176）。限于篇幅，尽管这里没有考察在互补双对数关联函数下的仅有性别的二分模型，但那样做还是很有道理的，可以增加从全局计分检验中获得的信息量。

第 8 节 | 连续比例模型的方法选择

如我们在第 4 章看到的，当结果变量是定序时，logit 关联被用来拟合比例比数模型。使用 logit 关联的比例比数模型也许是社会科学研究中各种竞争模型间最常选择的，但是对于定序结果，也有使人信服的理由来考虑用连续比例模型来拟合。如我们在这里看到的，有若干种不同的方法发展 CR 模型。从本质上说，当因变量代表相继阶段的定序进步时，如果变量作用是用条件概率（例如，以达到某特定阶段或者没有为条件）而非累积概率估计的话，则会对影响该进步的因素有更好的理解。由于它与隐含的比例风险模型的关系，互补双对数关联能够提供一个简明分析，该分析能够详尽地为这些变量依次对每个条件二分的作用建模。

logistic CR 回归模型"正好是由考克斯（Cox，1972）提出的对离散生存分布的比例'logit 风险'模型"（C. Cox，1998：436），以离散时间提供风险。当使用互补双对数关联时，拟合模型是比例风险模型（Ananth & Kleinbaum，1997）。关联函数间的选择应该由任一转换下所获得的结果的有用性来做决定。考虑到教育学和社会科学领域的诸多应用研究者都对 logit 模型、比数和比数比越来越熟悉，有充分的理由期待 logistic CR 方法将会是最适合该领域定序结果研究的方法。与使用累积 CR 互补双对数模型相比,应用重构数据集拟合这些模型而不考虑关联函数,也许是非常明智的策略。重构数据集允许直接生成并纳入交互项,这与第 4 章 PPO 例子所采用的方式完全一样。在解释变量的平行比数假设不成立的情况下,用偏 CR 模型(Cole & Ananth, 2001)拟合也许能提供数据中作用的更好解释。

第 9 节 | ECLS-K 数据的全模型
连续比例分析

　　本章的最后一部分将提供 ECLS-K 数据的多变量 logis-tic CR 模型的例子。分析是由附录 3 中的句法 C6 得出的，使用 SAS 的降序选项。兴趣条件概率是含八个变量的模型的 $P(Y > 类别 j \mid Y \geqslant 类别 j)$。表 5.6 提供了分析的结果，表中还包括了对应的二分 logit 分析的结果以用于比较。表 5.6 的最后一列包括通过 SPSS PLUM 拟合的互补双对数 CR 模型（风险）。为了更好地描述，这里把焦点放在 logistic CR 分析的结果上。

　　总体来看，男孩（gender；比数比 = 0.668），有任何家庭危险因素特征（famrisk；比数比 = 0.808）的儿童，没有父母或者监护人为他们经常阅读的儿童（noreadbo；比数比 = 0.763），以及仅上半天幼儿园的儿童（halfdayk；比数比 = 0.894）更不大可能超过某一特定熟练度水平。家庭社会经济地位（wksesl；比数比 = 1.78）以及儿童的年龄（plageent；比数比 = 1.05）与有着超过某一给定熟练度水平的更大似然性成正相关。

　　这些作用中的大部分与相对应的二分模型在规模和模式上都是一致的。然而，也有一些明显的差异。如这里编码

表 5.6　使用重构数据集的 CR 全模型(logit 关联),$N = 13053$; $P(Y >$ 类别 $j \mid Y \geq$ 类别 $j)$ 的二分 CR_j(logit 关联)分析;以及 SPSS 的互补双对数 PLUM 分析

	Logistic CR b(se(b)) OR	CR$_0$ b(se(b)) OR	CR$_1$ b(se(b)) OR	CR$_2$ b(se(b)) OR	CR$_3$ b(se(b)) OR	CR$_4$ b(se(b)) OR	Clog-log CR b(se(b)) HR
Int1[a]	$-3.80(0.45)^{**}$	$3.53(2.11)$	$-0.85(1.08)$	$-1.60(0.80)^{*}$	$-3.51(0.73)^{**}$	$-3.71(1.21)^{**}$	$\theta_0 = -1.308(0.339)^{**}$
Int2(dumcr0)	$4.89(0.15)^{**}$						$\theta_1 = 0.391(0.321)$
Int3(dumcr1)	$3.33(0.10)^{**}$						$\theta_2 = 1.527(0.319)^{**}$
Int4(dumcr2)	$2.26(0.09)^{**}$						$\theta_3 = 2.960(0.320)^{**}$
Int5(dumcr3)	$0.20(0.08)^{*}$						$\theta_4 = 3.588(0.322)^{**}$
gender	$-0.374(0.052)$ / 0.688^{**}	$-1.039(0.283)$ / 0.354^{**}	$-0.489(0.131)$ / 0.613^{*}	$-0.363(0.095)$ / 0.695^{*}	$-0.338(0.087)$ / 0.713^{*}	$-0.119(0.141)$ / 0.888	$0.242(0.038)$ / 1.274^{*}
famrisk	$-0.2137(0.062)$ / 0.808^{**}	$-0.145(0.295)$ / 0.865	$-0.291(0.146)$ / 0.748^{*}	$-0.169(0.108)$ / 0.844	$-0.259(0.106)$ / 0.772^{*}	$-0.021(0.180)$ / 0.979	$0.150(0.045)$ / 1.162^{**}
center	$0.089(0.062)$ / 1.093	$0.034(0.284)$ / 0.966	$-0.086(0.149)$ / 0.917	$0.188(0.108)$ / 1.207	$0.072(0.108)$ / 1.075	$0.200(0.187)$ / 1.221	$-0.069(0.045)$ / 0.933
noreadbo	$-0.271(0.072)$ / 0.763^{**}	$-0.654(0.272)$ / 0.520^{**}	$-0.283(0.154)$ / 0.754	$-0.200(0.123)$ / 0.819	$-0.172(0.133)$ / 0.842	$-0.335(0.245)$ / 0.715	$0.185(0.052)$ / 1.203^{**}
minority	$-0.085(0.058)$ / 0.918	$-0.228(0.288)$ / 0.796	$-0.461(0.142)$ / 0.631^{*}	$-0.324(0.103)$ / 0.723^{*}	$0.250(0.097)$ / 1.284^{*}	$0.158(0.156)$ / 1.171	$0.030(0.043)$ / 1.03^{**}
halfdayk	$-0.112(0.053)$ / $0.130(0.141)$	$-0.074(0.261)$	$0.026(0.133)$	$-0.136(0.097)$	$-0.254(0.087)^{**}$		$0.079(0.039)^{*}$

续表

	Logistic CR	CR_0	CR_1	CR_2	CR_3	CR_4	Clog-log CR
	$b(se(b))$ / OR	$b(se(b))$ / OR	$b(se(b))$ / OR	$b(se(b))$ / OR	$b(se(b))$ / OR	$b(se(b))$ / OR	$b(se(b))$ / HR
	0.894*	0.928	1.027	0.873	0.776*	1.139	1.08*
wksesl	0.575(0.039)	1.005(0.168)	0.632(0.100)	0.582(0.076)	0.451(0.063)	0.600(0.102)	0.402(0.029)
	1.777**	2.71**	1.865*	1.790*	1.570*	1.823*	1.495
plageent	0.049(0.007)	0.024(0.032)	0.061(0.016)	0.050(0.012)	0.048(0.011)	0.041(0.018)	0.033(0.005)
	1.05**	1.025	1.062*	1.051*	1.049*	1.042*	1.034
Model χ^2(df)	4548.76**(12)	82.11**(8)	146.74**(8)	180.62**(8)	123.88**(8)	56.58**(8)	449.99**(8)
Parallel Slopes χ^2(df)							134.431(32)**
H−L χ^2(df)		7.796(8)	7.4958(8)	13.869(8)	6.118(8)	9.392(7)	
p		0.454(n.s.)	0.484(n.s.)	0.085(n.s.)	0.634(n.s.)	0.310(n.s.)	

注：对于 logit 关联分析，参数估计是计数对类别 = 1 的分类变量；类别 = 0 的 SPSS PLUM 分析；

a. 对于 Logistic CR，对应于最后的比较；类别 5 和以上（类别 5），通过虚拟编码。

* $p < 0.05$，** $p < 0.01$。

的少数族裔(minority)，在二分分割间的作用变化剧烈；通过 logistic CR 模型估计的少数族裔的全局作用（比数比 ＝ 0.918，统计上不显著）没有充分捕捉到所有 CR 比较的独特作用。此外，上半天幼儿园项目而非全天项目的作用（比数比 ＝ 0.894，统计显著）在 logistic CR 模型中的作用看起来并没有充分反映出幼儿园一天长度的潜在贡献，而这一点在二分 CR 比较中表现很明显。

　　然而，尽管观察到不规则性，logistic CR 分析的模型拟合统计量表明模型的确提供了数据的良好拟合。该分析的关联测量是 Somer's D ＝ 0.739，τ_p ＝ 0.23 和 λ_p ＝ 0.002。对该 logistic CR 模型的合理调整包括：把少数族裔和入园半天这两项解释变量的交互项也纳入模型，同时把是否去中心的作用从模型中删除（无论儿童在入幼儿园之前是否参与过护理中心的看护）。

第 **6** 章

相邻类别模型

第 1 节 │ 相邻类别模型概述

定序因变量变量分析（CO 和 CR 模型都是）的第三种方法是以相邻类别配对的形式同时估计解释变量的作用。相邻类别（AC）模型是多分类结果的一般 logit 模型的特殊形式（Clogg & Shihadeh，1994；Goodman，1983；Hosmer & Lemeshow，2000）。在多分类方法中，我们常在各个因变量的取值和一个基准类别间进行比较，通常是取最后一个响应类别为基准类别。多分类模型是非约束的，因此解释变量的作用可以在各个具体的比较中有所变动。在 AC 模型中，这些作用在相邻类别比较中被约束为恒等或者同质，反映了我们之前描述的 CO 和 CR 模型的比例性和平行性假设。古德曼（Goodman，1979）将这种假设称为"统一的关联"（uniform association）。

SAS 通过 CATMOD 过程来估计 AC 模型，尽管对于包括了连续解释变量的模型，该分析并不是最优化的。CATMOD 过程通过加权最小二乘法估计模型，这就要求数据以列联表的形式分好组（Allison，1999；SAS，1999）。为了将连续变量纳入模型，克洛格和谢哈德（Clogg & Shihadeh，1994）采取的策略是将其类别化，但如果连续变量在不同响应层次间是非线性的话，这种方法对模型拟合会有影响。样本中与解释变量的值类似的个体的各个属性的样本规模必须足够大，才能得到 AC 模型间比较的可靠估计（Stokes et al.，2000）。尽管当前为拟合 AC 模型而设计的软件存在缺陷，但在那些相邻类别间的比较具有更强的理论感的研究情境下，这种方法的确提供了 CO 或者 CR 方法的合理的替代。

　　在 AC 模型中，logit 转换将 $\pi_{i,j}$，也即第 i 个人在第 j 个类别的概率，与在下一个后续的响应类别的概率，$\pi_{i,j+1}$ 进行比较。这种方法的目的是同时决定下一个最高响应的类别对各个相邻类别配对的比数。构建一系列的 logit 比较，对应于这些比较的分析在表 4.1 的最后一部分给出。我们取两个相邻概率的对数来产生 logit：

$$Y'_j = \ln\left(\frac{\pi_{i,\,j+1}}{\pi_{i,\,j}}\right) = \alpha_j + \beta X_i$$

　　这里 $J =$ 响应水平的个数且 $j = 1, \cdots, J-1$。在该式中，由分子和分母呈现的概率是指两个相比较的相邻类别的概率。$J-1$ logit 公式的截距在不同的相邻类别比较间也许会变化，但是解释变量的作用被假设为在不同比较间是一致的。斜率作用 β，在所有的 AC 模型比较间都是同质性的。

　　AC 模型的比数比被称为"局部比数比"（local odds ratios），因为他们所描述的关联是来自于总体表格的局部化部分（Agresti，1989，1996）。对于一个有两个水平 0，1 的单个解释变量，$J-1$ 比数比在各个具体的相邻类别对中生成（$j = 1$ 到 $J-1$）。

$$OR_{j+1} = \frac{P(Y = j+1 \mid x = 1)/P(Y_i = j \mid x = 1)}{P(Y = j+1 \mid x = 0)/P(Y_i = j \mid x = 0)}$$

　　对 AC 模型的平行性的考察大部分与之前的分析处理方

式相同,但没有对约束的正式检验。如果 AC 模型不拟合,则可以用多分类方法;或者特定 logistic 回归对应于各个 AC 比较的分割可以分别查看约束的可信性。

　　与之前的章节类似,在接下来的讨论中,仅有性别的模型首先模拟以描述简单 AC 模型的方法、路径和结果。下一步,用更复杂的模型来拟合并解释结果。两个模型的句法在附录 4 中呈现(简单的和复杂的)。

第 2 节 ｜ **仅有性别的模型**

在附录 4 的 D1 部分呈现的句法，被用于仅有性别的 AC 模型。在该句法以及更复杂的模型里也是，解释变量的作用被视为定量的，因此被包括在 CATMOD 过程里的"直接"(direct)子命令下。因为性别的编码对于 SAS 来说是外部的（0 = 女性，1 = 男性），这种方法允许考虑到解释效果的便利性，将解释与之前的那些 logit 模型保持一致。参见斯托克斯(Stokes)等人（2000）对 CATMOD 过程里类别预测变量处理的替代但是等价的方法。"响应"(response)语句指明了相邻类别模型(alogit)，而且句法要求预测的 logit 和估计的 AC 概率写到名为"acgender"的文件里。最终，模型使用一个称做"_response_"的项放在等式右边以具体化。该项将性别的普遍作用约束加在 AC 响应函数间。估计过程细化为加权最小二乘法，也要求生成一张包含了模型预测 logits 的表格(pred)。

早期阅读的结果有六个可能的响应（0，1，2，3，4，5）；因此，他们有 6 - 1 = 5 个代表相邻类别比较的响应函数。图 6.1 提供了通过 CATMOD 过程实现的统计分析的主要结果。首先，"总体概要"(population profiles)报告了各个独特共变性模式的样本规模。当只有性别作为预测变量纳入模型中时，样本规模在这里指各个性别群体的样本规模，本表

Population Profiles

Sample	GENDER	Sample Size
1	0	1692
2	1	1673

Analysis of Variance

Source	DF	Chi-Square	Pr > ChiSq
Intercept	1	176.21	< 0.0001
RESPONSE	4	1550.56	< 0.0001
GENDER	1	38.38	< 0.0001

Analysis of Weighted Least Squares Estimates

Parameter		Estimate	Error	Chi-Square	Pr > ChiSq
Intercept		0.4323	0.0326	176.21	< 0.0001
RESPONSE	1	1.0952	0.1158	89.48	< 0.0001
	2	0.4365	0.0774	31.81	< 0.0001
	3	0.5823	0.0554	110.40	< 0.0001
	4	−1.2670	0.0558	515.67	< 0.0001
GENDER		−0.1928	0.0311	38.38	< 0.0001

Predicted Values for Response Functions

——Observed——   ——Predicted——

GEN-DER	Function Number	Function	Standard Error	Function	Standard Error	Residual
0	1	1.800493	0.247643	1.527445	0.139517	0.273048
	2	0.868196	0.111109	0.868796	0.075314	−0.0006
	3	1.002937	0.070628	1.014531	0.051393	−0.01159
	4	−0.81395	0.066029	−0.83477	0.050661	0.020819
	5	−0.47424	0.088744	−0.41475	0.068319	−0.0595
1	1	1.222549	0.16422	1.334673	0.136174	−0.11212
	2	0.674571	0.096229	0.676024	0.073575	−0.00145
	3	0.83155	0.066974	0.82176	0.050663	0.00979
	4	−1.05469	0.072573	−1.02754	0.051874	−0.02716
	5	−0.5279	0.10261	−0.60752	0.069586	0.079621

图 6.1   简单"性别"模型的 PROC CATMOD 结果

可以用来界定特殊共变模式的稀少样本。

　　"方差分析"部分提供了性别在 $J-1=5$ 个 AC 响应模型间的性别的作用检验。对应于这个分析,性别的作用是显著的, $\chi_1^2 = 38.38$, $p < 0.0001$。残余卡方检验表明模型的拟合, $\chi_4^2 = 2.96$, $p = 0.5647$。这个卡方检验统计量是一个类似于皮尔森卡方检验的拟合优度检验,是将拟合模型与一个预测模型或者饱和模型进行比较。

　　加权最小二乘法估计在下一部分的输出结果里呈现。每个相继响应函数的截距通过将各个对应的_response_值与截距项相加得到。表 6.1 描述了 $J-1=5$ 个响应函数的截距的过程。基于表 6.1 展现的结果,这个简单分析的五个响应模型分别是:

$$\hat{Y}'(1, 0) = 1.5725 + (-0.1928) \times 性别$$

$$\hat{Y}'(2, 1) = 0.8688 + (-0.1928) \times 性别$$

$$\hat{Y}'(3, 2) = 1.0146 + (-0.1928) \times 性别$$

$$\hat{Y}'(4, 3) = -0.8347 + (-0.1928) \times 性别$$

$$\hat{Y}'(5, 4) = -0.4147 + (-0.1928) \times 性别$$

表 6.1　$J-1=5$ 个 AC 响应函数的截距

AC 截距	算　式	结　果
α_1	$0.4323 + 1.0592$	1.5275
α_2	$0.4323 + 0.4365$	0.8688
α_3	$0.4323 + 0.5823$	1.0146
α_4	$0.4323 + (-1.2670)$	-0.8347
α_5	$0.4323 - [1.0952 + 0.4365 + 0.5823 + (-1.2670)]$	-0.4147

　　在这些表达式中,等式左边括号里的值指出相比较的两

个相邻类别。这些模型可以用来发现对应于各个响应函数的依靠于性别的预测 logit；预测的 logit 再可以转化以估计暗示的两个相邻取值中处于更高类别的概率的比数。估计的响应变量 logit 在输出结果的最后一部分给出"响应函数的预测值"。观察的 logit 在表的前半部分呈现，例如，为了计算男性（性别 ＝ 1）在第四个 AC 比较中的预测 logit（公式 4 代表类别 4 与类别 3 相比），我们使用以上的关联响应模型：$Y(4, 3) =- 0.8347 + (- 0.1982) \times$ 性别 $=- 0.8347 + (- 0.1982) =- 1.0275$。我们可以使用同样的过程来得到女孩（性别 ＝ 0）的对应预测 logit：$Y =- 0.8347 + (- 0.1982) \times$ 性别 $=- 0.8347$。如果预测 logit 经过指数化，结果就是对于各个性别处在类别 4 而非类别 3 的比数。对于男孩，$\exp(- 1.0275) = 0.3579$，对于女孩则是 $\exp(- 0.8347) = 0.4340$。无论男孩和女孩，落在类别 4 的概率要小于类别 3，这与 CO 和 CR 模型的结果类似。为了计算男孩对女孩的比数比，我们得到 $0.3579/0.4340 = 0.8246$，即 AC 模型的性别作用的指数值，也等于 $\exp(- 0.1982) = 0.8246$。对于所有的五个 AC 响应函数，性别的作用以一个对应的共同为 0.8246 的比数比保持一致。因此，根据模型，男孩处于两个相邻类别中较高者的比数是女孩比数的 0.8246 倍；男孩更不大可能处于较高的阅读熟练度水平。

　　熟练度的分性别的实际频次和类别概率稍早在第 4 章的表 4.2 中（表格第一、第二行的男性和女性部分）给出。AC 模型并不预测类别概率；确切地说，从 AC logit 模型中得到的预测值可以用来估计两个相比较的相邻类别中更高的响应变量的条件概率。然而，预测的 logit 可以转化为比数，再将比数以通常的方式转化成预测概率：$p\text{-}hat$ = 比数 $/(1+$ 比数$)$。

通过使用表 4.2 中的数据，以及 AC 模型的结果，计算出观测的和预测的 AC 概率并在表 6.2 中呈现出来。观测的和估计的比数比也在表 6.2 中呈现。概率是以比较的具体相邻类别为条件的。例如，男性的第一个条目 0.7725 代表了男性处于熟练度 1 级而非（下一个稍低的）相邻类别，熟练度 0 级的观测概率。该值是由表 4.2 中这两个相邻类别的条目所决定的：$0.7725 = 163/(48+163)$。通过使用表 4.2 中具体类别概率也可以得到相同的值：$0.7725 = 0.0974/(0.0287+0.0974)$。

从 AC 模型中得出的预测条件概率在表 6.2 的底部给出。为了从 logit 模型中得到预测概率，我们使用类似的表达式：$\hat{p} = \exp(\log it)/(1+\exp(\log it))$。对于处于比较 $(4,3)$ 中的男孩，这就成为 $\hat{p}_{4,\text{男性}} = 0.3579/(1+0.3579) = 0.2636$，如表 6.2 中底部的第四列所示。类似的，我们可以得到女孩的 $\hat{p}_{4,\text{女性}} = 0.3026$。这些概率是条件的，对应的含义是在给定两个相邻类别之中任一条件下它们所对应的处于更高类别的概率。最后，从观测到估计比数比的直观比较来说，性别作用在 AC 类别间的单个值看起来提供了数据的粗略描述。

总体来看，模型表明性别有助于解释相邻熟练度类别间概率的差异。仅有性别的模型是对虚无模型的改进：虚无模型的残余卡方是 $\chi_5^2 = 41.33$，$p < 0.0001$（附录 4 中的句法 D2，结果未予呈现）。基于性别模型，我们可以以下结论说明男孩跟女孩相比更不大可能处于两个相邻类别中较高的阈

读熟练度。

表 6.2 观测到的(π_j^*)和预测的$(\hat{p}_j)$条件 AC 概率

AC Comparison	(1, 0)	(2, 1)	(3, 2)	(4, 3)	(5, 4)
$\pi_{j,\text{男性}}^*$	0.7725	0.6625	0.6967	0.2580	0.3710
$\pi_{j,\text{女性}}^*$	0.8582	0.7043	0.7316	0.3071	0.3836
OR(observed)	0.5588	0.8245	0.8428	0.7858	0.9474
$\hat{p}_{j,\text{男性}}^*$	0.7916	0.6629	0.6946	0.2636	0.3526
$\hat{p}_{j,\text{女性}}^*$	0.8216	0.7045	0.7339	0.3026	0.3978
OR(estimated)	0.8246	0.8246	0.8246	0.8246	0.8246

因为从模型中估计的概率是条件的,又因为每一个的比较基础都不一样,所以并没有估计 AC 模型的特定类别概率的直接方法。测量关联的统计量例如 τ_p 和 λ_p 用这些类别概率来构建分类表。阿格雷斯提(Agresti,1989)提供了计算类别频次的句法和例子,该计算是基于根据基线类别(多分类)logit 模型的调整和将解释变量的斜率约束为在 AC 响应函数间保持一致的特定设计的矩阵结构。这种方法在解释变量个数增加时将会变得十分复杂,这里不再叙述。然而,在 AC 模型中的实际概率和预测概率之间有很强的关联,皮尔森的伽马系数为 0.997。这个相关是为两个剖面(性别)在五个响应模型中而计算的,因此得到这么高的关联系数并不奇怪。如稍早提到的,CATMOD 使用加权最小二乘法而非极大似然值法来估计 AC 模型;因此,并不存在一个将之前两个定序回归方法比较的似然比 R^2。

第 3 节 ｜ 两个解释变量的
　　　　　相邻类别模型

　　CATMOD 过程并不是用来处理连续解释变量的，而且独特共变模式在数据集内的样本量很小时估计会出问题。之前讨论的全模型 AC 与 CO 和 CR 模型的等价性由于这个限制并不可估。AC 模型可以通过 GENMOD 过程或者 SPSS 的 GENLOG 和来自于无约束的多分类模型的调整来拟合，但是那些方法与本书呈现的回归方法多少有些不同，因此在这里不予考虑。多分类结果的分析细节可以在阿格雷斯提（Agresti，1990，1996）、埃里森（Allison，1999）、布鲁雅（Borooah，2002）、石井坤茨（Ishii-Kuntz，1994），以及坦巴克尼克和芬戴尔（Tabachnick & Fidell，2001）等人的研究中找到。

　　为了描述稍复杂的设计 AC 分析的回归方法，本书选取了一个连续变量，上幼儿园的年龄（plageent），构建了一个二变量的模型（入园年龄和性别）。按照克洛格和谢哈德（Clogg & Shihadeh，1994）使用的有连续预测变量的 AC 模型方法，将年龄划分成四层（年龄类别，agecat），开始于 57 个月（4.75 年），各个跨度约为六个月。各个解释变量（性别和年龄类别）都通过子命令"直接"（附录 4 中的句法 D3）来作为定量的处理。

分析产生了八个共变剖面,两个解释变量的 2×4 个交互分类各一个。剖面内部的样本规模从 18 到 850 不等。残余卡方检验表明模型拟合良好,$\chi^2_{33} = 30.49$,$p = 0.5929$,分析中稍大一点的 p 值表明,相对仅有性别的模型有稍微的改进。性别(χ^2_1 的 $= 42.06$,$p < 0.0001$)和年龄类别(χ^2_1 的 $= 60.43$,$p < 0.0001$)在模型中都统计显著。

五个 AC 模型在下面显示。各个模型的截距形成遵循表 6.1 中勾勒的相同模式。性别作用的比数比是 $\exp(-0.2043)$ $= 0.8152$,这与之前它在仅有性别的分析中的作用类似。因此,控制了入园年龄后,男孩更不大可能比女孩处于两个相邻熟练度类别中较高的熟练度水平。年龄对熟练度的比数比是 $\exp(0.1607) = 1.1743$。控制了性别,年长的儿童与年幼儿童相比更有可能在阅读方面处于较高的熟练度类别。

$$\hat{Y}'(1, 0) = 1.1373 + (-0.2043) \times \text{性别} + (0.1607) \times \text{年龄类别}$$

$$\hat{Y}'(2, 1) = 0.5544 + (-0.2043) \times \text{性别} + (0.1607) \times \text{年龄类别}$$

$$\hat{Y}'(3, 2) = 0.6871 + (-0.2043) \times \text{性别} + (0.1607) \times \text{年龄类别}$$

$$\hat{Y}'(4, 3) = -1.1718 + (-0.2043) \times \text{性别} + (0.1607) \times \text{年龄类别}$$

$$\hat{Y}'(5, 4) = -0.767 + (-0.2043) \times \text{性别} + (0.1607) \times \text{年龄类别}$$

性别和年龄分类的平行性假设是通过回顾对应于各个响应函数潜在的 AC 模型来验证的(分析未予展示)。对于两个解释变量,考虑到各个模型推出的 logits 和比数比,这个解释似乎是合理的。八个剖面(profiles)在五个响应函数间的观测值和预测值之间的关联很强,$r = 0.903$。

第 4 节 ｜ **全相邻类别模型分析**

　　为了提供前两章结果之间的比较，对应的 AC 二分 logistic 回归是基于整套预测变量的。表 6.3 中展示了结果。粗体印刷的比数比统计上显著不同于 1。在作用的方向上，结果与 CO 模型和 CR 模型的发现完全一致。总体来说，年长的和来自较高社会经济地位家庭的儿童倾向于处于更高的阅读熟练类别。男孩如果来自存在所谓的风险因素的家庭（见第 2 章），另外，在某种程度上，仅上半天幼儿园而非全天幼儿园的，都倾向于处于较低的熟练度类别。父母没有人经常给他们读书的儿童也倾向于处于较低的熟练度类别，该变量的比数比也通常小于 1，尽管该作用在 AC 模型中统计上都不显著。

表 6.3　全模型的相邻分类二分 logits

Comparison	(1, 0) b[se(b)] OR	(2, 1) b[se(b)] OR	(3, 2) b[se(b)] OR	(4, 3) b[se(b)] OR	(5, 4) b[se(b)] OR
Intercept	4.10(2.15)	−0.34(1.20)	−1.18(0.84)	−2.85**(0.84)	−3.71**(1.21)
gender	−0.64(0.31)	−0.23(0.15)	−0.26(0.10)	−0.29(0.10)	−0.12(0.14)
	0.53*	0.80	0.77**	0.75**	0.89
famrisk	0.19(0.33)	−0.18(0.17)	−0.09(0.11)	−0.26(0.12)	−0.02(0.18)
	1.21	0.83	0.91	0.77*	0.98
center	0.05(0.32)	−0.24(0.17)	0.18(0.11)	0.00(0.12)	0.20(0.19)
	1.06	0.78	1.20	1.00	1.22
noreadbo	−0.36(0.30)	−0.13(0.18)	−0.14(0.13)	−0.07(0.15)	−0.34(0.25)
	0.70	0.88	0.87	0.93	0.72
minority	0.28(0.33)	−0.18(0.17)	−0.41(0.11)	0.17(0.11)	0.16(0.16)
	1.32	0.84	0.67**	1.19	1.17
halfdayK	−0.07(0.30)	0.10(0.15)	−0.07(0.10)	−0.30(0.10)	0.13(0.14)
	0.94	1.11	0.94	0.74*	1.14
wksesl	0.92(0.27)	0.24(0.12)	0.40(0.08)	0.25(0.07)	0.60(0.10)
	2.51**	1.27	1.50**	1.28**	1.82**
plageent	−0.03(0.03)	0.03(0.02)	0.036(0.01)	0.03(0.01)	0.04(0.02)
	0.97	1.03	1.04**	1.03**	1.04*
Model $\chi^2(df)$	22.75**(8)	20.17**(8)	97.61**(8)	44.27**(8)	56.58**(8)
H−L $\chi^2(df)$	7.36(8)	7.25(8)	12.70(8)	5.40(8)	9.40(8)

注：* $p < 0.05$；** $p < 0.01$。

第 **7** 章

结　论

第 1 节 | **本书内容总结**

　　本书的目的是描述定序因变量变量的统计分析技术，并使得实证研究者熟悉定序数据的分析方法，这些数据是忠实于结果测量实际水平的。使用来自 NCES 的儿童早期追踪研究—幼儿园同期群（ECLS-K）的数据，可以用三种定序回归方法予以呈现：比例或者累积比数、连续比数以及相邻类别模型。此外，这些模型的一些扩展也得以呈现，允许对一些解释变量比例性或者平行性假设的宽松约束。这里描述的这些方法和例子使得研究者在他们的研究数据结果以定序因变量形式出现时可以使用类似的模型。

　　定序因变量的分析方法要求研究者从研究问题出发而不是为了拟合某个模型。面对诸多分析的选择，这里提到的是最常使用的定序回归方法。以上界定的模型在模型预测和解释变量的作用上各不相同；因此，模型方法的选择应当一直由理论指引，或者是解释变量如何可能影响定序结果，或者是定序分数如何推导出来。选择还应当由特定的研究目的，以及特定统计模型应用而得到的结果的预期含义加以引导。

　　克利夫等人（Cliff，1993，1994，1996b；Cliff & Keats，2003）坚持将定序变量看成是定序的，也就是要保存变量实际形成的过程。他的研究指引了本书大部分关于使用和分析定序结果数据的重要思考。然而，本书的目的不是倡导一种附会于简单的基于响应变量尺度的方法论。相反，目标是在定序分数的解释十分重要时，促进定序技术的理解和使用。

对定序的掌握类型分数的分析，例如从 ECLS-K 数据中得到的早期读写熟练度的尺度，试图理解为何一些儿童能够成功达到某个早期阅读技能，而其他的儿童未能达到同样的技能，而且它也有助于研究者根据儿童所处的熟练度连续体找出或者发展出意欲改善个体熟练度的干预方法。试图将儿童从最低的熟练度类别上升到任何更高的熟练度的相同干预也许并不适用于已经处于两三个最高类别上的儿童。定序分数分析在其他领域也有类似的用处。例如，减小风险的干预，那些意欲促进安全套使用的措施，对于处于不同计划阶段的目标人群经常使用不同的干预信息（Prochaska, DiClemente et al. , 1992；Stark et al. , 1998）。因此，一个尺寸并不能适合所有定序结果变量的内容。

在所呈现的例子中有很多作用方向的类似性。例如，那些有家庭风险或者没有家长或者监护人为他们读书的一年级孩子更不可能比他们的同龄人处于更高的熟练度水平。年长的或者来自较高社会经济地位的一年级儿童相比他们的同龄人更有可能处于较高的熟练度水平。观察全 CO 模型和 CR 分析的表格，所有作用的比数比在方向上都是类似的，但是比数比的解释要取决于所构建的特定模型。累积比是用来呈现儿童处于或者高于任意特定熟练度类别的比数。连续比例是在已知该儿童已经达到该熟练度类别的情况下，用来呈现儿童超过某特定类别的比数。最后，AC 模型是被设计用来估计儿童处于两个相邻熟练度水平中较高者的比数。一个最重要的问题是："这些模型中的哪一个是'最好的'？"

答案很简单：这取决于研究问题。CO 模型在研究兴趣是澄清结果的趋势时尤其有用，无论因变量的不同值是向上还是向下的（Agresti，1996）。CR 模型可能在发展类型的研究中最有用，研究者的最大兴趣是意欲弄清楚在给定某特定阶段已经达到的情况下（O'Connell，2000），与在响应连续体上更进一步关联的因素。AC 模型宣称哪一个预测变量最好地预测了处于下一个最高响应类别的响应，因此有助于找出在 AC 响应配对之间的差异。

然而，"最好"的定序模型也将是比例或者平行性假设合理的那一个。如本书所呈现的，拟合并观察各个方法相对应的二分模型，补充一些对这些假设的检验 CO 和 CR 模型能够调整为允许隐含的分割点或者类别区分间的交互项；这就是偏比例比数模型，也可以成为偏比例风险模型。尽管这两种交互模型都要求重构数据集，他们在理解解释变量对响应连续体变动的不同作用上仍然非常有用。对于 ECLS-K 研究，偏比例风险模型也许最好地呈现了熟练度过程以及与一个儿童实际上能够取得更高类别熟练度的可能性相关联的因素。

尽管来自 ECLS-K 数据的定序熟练度分数分析的目标也许支持了作者在这个特殊的例子中对连续比例模型的偏好，但此处并没有尝试将一个定序回归方法或多或少地置于比其他替代方法更合适的位置。每个模型都将不同的假设集置于数据之上，并引出不同种类的研究问题。研究者的责任就是完全理解这些假设的本质以及选择不同的模型对研究发现有用性的可能影响。

假设数据的测量属性比实际的更强，例如将定序结果的值看成是均等间距尺度，则模糊了数据模式的丰富性，这种威胁通过专为定序结果设计的方法将得到更好的暴露。第 4 章包括了累积比数模型和多元线性回归模型结果的比较，这种直接比较的结果应该传达给研究者这样一种信号：依靠熟知的方法，例如多元回归分析，会遮盖重要作用的解释并且导致毫无道理的预测。另一方面，完全忽视数据的定序性，即将结果作为严格的名义变量对待，阻碍了评估方向性和进步的能力，而这看起来正是一开始之所以构建定序因变量测量的关键。我们希望，研究者们通过使用本书中所呈现的研究，能在他们的分析方法中考虑定序回归技术，尤其是当他们的问题和数据表明这样的方法正确的时候。

第 2 节 | 进一步研究的考虑

在很多方面,使用定序回归模型仍然是一个发展中的方法。针对那些希望今后能够发展并应用定序模型的读者,作者提出以下兴趣点:

- 这里呈现的关联的测量,包括 τ_p 和 λ_p 以及似然比 R^2 统计量,是很微弱的。这也许是数据的加工品;熟练度的分布是不均衡的,很大一部分(44%)的儿童在一年级一开始就已取得了熟练度为三级的水平。朗(Long,1997)指出,尽管有必要对概要的统计进行拟合,但"在实际中它们是有问题的",因为它们只提供了模型质量的部分信息。霍斯默和莱默苏(Hosmer & Lemeshow,2000)提出了有趣的观点:从 logistic 回归模型中得出的分类统计之所以不合适,是因为分类倾向于被样本分布的概率所左右。尽管他们的论断是特指二分模型,扩展到定序模型的分类,类似的问题也很明显。无论如何,在不同样本中考察定序因变量的关联的不同测量的行为能够为这个领域提供很有价值的信息。
- 考察定序方法的比例性或者平行性假设的做图方法,以及残差诊断方法都没有得到很好的发展。SAS 或者 SPSS 都未能在它们的程序中包括定序回归的残差诊断(尽管二者都有对 logistic 回归的)。尽管这里没有考察图形和残差的诊断,本德和本纳(Bender & Benner,2000)展示了他们所考察的定序模型子集的若干诊断和做图方法。

- 这里呈现的方法假设个体间的独立,是用个体水平的模型拟合数据。然而,ECLS-K 研究是基于多阶段分层抽样策略,从抽中的学校中再抽取儿童。因为本研究的目的是详细解说定序回归模型的应用,就没有包括数据的多层结构调整。定序数据的多层模型可以通过主要的多层软件包来实现,它们包括:HLM(Raudenbush, Byrk, Cheong, & Congdon,2000),MLwiN(Goldstein et al.,1998),以及 MIXOR(Hedeker & Gibbons,1996)。HLM 能够拟合多层数据的比例比数模型。MLwiN 能够拟合比例比数模型,并可以通过重构数据估计多层 logistic 连续比例模型以及 logistic 偏或者非比例风险模型。MIXOR 是专为定序结果的多层分析而设计的,它比 HLM 或者 MLwiN 的灵活性都要大。关联函数包括 logit、probit 以及互补双对数。

附 录

附录 1 ｜ 第 3 章

"Gonomiss"是兴趣解释变量无缺失观测的子样本 SAS 数据集。"ECLSFGsub"是兴趣解释变量无缺失观测的子样本 SPSS 数据集。

A1. SPSS LOGISTIC(对于熟练度结果 0，1 vs. 5)

```
** (cumsp2 = 0 if profread = 0, 1; else cumsp2 = 1 if profread = 5).
temporary.
select if(profreadle 1 OR profread eq 5).
logistic regression CUMSP2
    with GENDER
    /print = all
    /save = pred.
```

A2. SAS PROC LOGISTIC(降序选项;其他选项如下)

```
** data "go" contains only children with values of 0, 1, or 5 on
profread;
    ** cumsp2 = 0 if profread = 0, 1_else cumsp2 = 1 if profread = 5;
proc logistic data = go order = internal descending;
    model cumsp2 = gender/link = logit lackfit ctable pprob = .5001
rsquare;
    output out = dataprobs pred = phat;
run;
```

A3. SAS PROC LOGISTIC(默认为升序选项;基本选项)

```
** 数据"go"仅包括"profread"的值为 0, 1 或者 5 的儿童;
** cumsp2 = 0 if profread = 0, 1_else cumsp2 = 1 if profread = 5;
proc logistic data = go order = internal;
    model cumsp2 = gender/link = logit rsquare;
run;
```

A4. SPSS PLUM

```
temporary.
select if(profreadle 1 OR profread eq 5).
PLUM
cumsp2 BY gender
/LINK = logit
/PRINT = FIT PARAMETER SUMMARY TPARALLEL HISTORY(1) KERNEL
/SAVE = ESTPROB PREDCAT PCPROB ACPROB.
```

附录 2 ｜ 第 4 章

B1. SAS 升序（CO 模型），X1＝性别（Gender）

```
proc logistic data = sagebook. gonomiss;
    model profread = gender/link = logit rsquare;
    output out = propodds predprobs = cumulative;
run;
```

B2. SAS 降序选项（CO 模型），X1＝性别（Gender）

```
proc logistic data = gonomiss descending;
    model profread = gender/rsquare;
    output out = proppred predprobs = cumulative;
run;
```

B3. SPSS PLUM（CO 模型），X1＝性别（Gender）

```
通过 filt_$ $ 筛选.      ** 筛选出含缺失值的个案 **
    PLUM
        profread BY gender
        /LINK = LOGIT
        /PRINT = FIT PARAMETER SUMMARY TPARALLEL HISTORY(1) KERNEL
        /SAVE = ESTPROB PREDCAT PCPROB ACPROB.
```

B4. SAS 全模型累积比数模型(降序)

```
proc logistic data = sagebook.gonomiss descending;
    model profread = gender famrisk center noreadbo minority halfdayK
wksesl plageent
    /link = logit rsquare;
    output out = proppred predprobs = cumulative;
run;
```

B5. 通过 SAS 的 GENMOD 实现的偏比例比数

```
**** 为了偏比例比数生成重构的数据集 ***;
 data ppom; set gonomiss;
    do; if profread = 5 then beyond = 1;
    else beyond = 0; split = 5; output; end;
    do; if profread ge 4 then beyond = 1;
    else beyond = 0; split = 4; output; end;
    do; if profread ge 3 then beyond = 1;
    else beyond = 0; split = 3; output; end;
    do; if profread ge 2 then beyond = 1;
    else beyond = 0; split = 2; output; end;
    do; if profread ge 1 then beyond = 1;
    else beyond = 0; split = 1; output; end;
run;

proc freq data = ppom;
    tables split* profread* beyond;
run;

proc sort data = ppom;
    by split gender famrisk center noreadbo minority halfdayK;
run;

    ** 使用与单个的 logit 分析最类似的 INDEP 结构;
    ** 参见 Stokes, Davis, Koch(2000),第 541 页;

proc genmod descending order = data data = ppom;
    class split gender famrisk center noreadbo minority halfdayK
childid;
    model beyond = gender famrisk center noreadbo minority halfdayK
wksesl plageent split split* minority
    /link = logit d = b type3;
    repeated subject = childid /type = indep;
run;
```

附录 3 │ 第 5 章

C1. SAS:重构数据集并对 P(超过)建模

```
data cr1;
    set gonomiss;
    if profread ge 0; crcp = 0;                    ** 连续比例切
割点**;
    beyond = profread ge 1;                        ** 否则 = 0**;
run;

data cr2;
    set gonomiss;
    if profread ge 1; crcp = 1;
    beyond = profread ge 2;
run;

data cr3;
    set gonomiss;
    if profread ge 2; crcp = 2;
    beyond = profread ge 3;
run;

data cr4;
    set gonomiss;
    if profread ge 3; crcp = 3;
    beyond = profread ge 4;

data cr5;
    set gonomiss;
    if profread ge 4; crcp = 4;
    beyond = profread ge 5;
run;

data concat;
    set cr1 cr2 cr3 cr4 cr5;
    if crcp = 0 then dumcr0 = 1; else dumcr0 = 0;
    if crcp = 1 then dumcr1 = 1; else dumcr1 = 0;
    if crcp = 2 then dumcr2 = 1; else dumcr2 = 0;
    if crcp = 3 then dumcr3 = 1; else dumcr3 = 0;
run;
```

C2. SAS：logit 关联连续比例（CR）模型，使用降序选项

```
proc logistic data = concat descending;
    model beyond = dumcr0 dumcr1 dumcr2 dumcr3 gender/link = logit
rsquare;
    output out = modC2 pred = phat;
run;
```

C3. SAS：互补双对数关联连续比例（CR）模型，使用升序（默认）选项

```
proc logistic data = concat;
    model beyond = dumcr0 dumcr1 dumcr2 dumcr3 gender/link = cloglog
rsquare;
    output out = modC3 pred = phat;
run;
```

C4. SAS：互补双对数关联累积连续比例（CR）模型，使用升序（默认）选项

```
proc logistic data = gonomiss;
    model profread = gender/link = cloglog rsquare;
    output out = modC4 pred = phat;
run;
```

C5. SPSS：互补双对数关联累积连续比例模型

```
PLUM
    profread BY male
    /CRITERIA = CIN(95) DELTA(0) LCONVERGE(0) MXITER(100)
MXSTEP(5)
    PCONVERGE(1.0E-6) SINGULAR(1.0E-8)
    /LINK = cloglog
    /PRINT = FIT PARAMETER SUMMARY TPARALLEL HISTORY(1) KERNEL
    /SAVE = ESTPROB PREDCAT PCPROB ACPROB.
```

C6. SAS：logistic 连续比例，全模型

```
** CR1 logit link;
proc logistic data = sagebook. concat descending;
    model beyond = dumcr0 dumcr1 dumcr2 dumcr3 gender famrisk center
        noreadbo minority halfdayK wksesl plageent
    /link = logit rsquare;
    output out = modC6 pred = phat;
run;
```

C7. SPSS：累积连续比例，全模型

```
PLUM
    profread BY male famrisk center noreadbo minority halfdayk
    WITH
    plageent wksesl
    /CRITERIA = CIN(95) DELTA(0) LCONVERGE(0) MXITER(100) MXSTEP
(5)
    PCONVERGE(1.0E-6) SINGULAR(1.0E-8)
    /LINK = cloglog
    /PRINT = FIT PARAMETER SUMMARY TPARALLEL HISTORY(1) KERNEL
    /SAVE = ESTPROB PREDCAT(CRpred) PCPROB ACPROB.
```

C8. 在 SPSS 中生成基于从句法 C2（SAS 降序）得到的模型估计的 logistic 连续比例分析的分类表

```
* CR logit 模型 P(超过 = 1)***********
* 使用定序数据集,n = 3365***********
compute int = - .3763.
compute dumcr0 = 4.4248.
compute dumcr1 = 2.9113.
compute dumcr2 = 1.9283.
compute dumcr3 = 0.0578.
compute slopegen = - 0.2865.
compute logit4 = int + slopegen* gender.
compute logit3 = int + dumcr3 + slopegen* gender.
compute logit2 = int + dumcr2 + slopegen* gender.
```

```
compute logit1 = int + dumcr1 + slopegen * gender.
compute logit0 = int + dumcr0 + slopegen * gender.
compute delta0 = exp(logit0)/(1 + exp(logit0)).
compute delta1 = exp(logit1)/(1 + exp(logit1)).
compute delta2 = exp(logit2)/(1 + exp(logit2)).
compute delta3 = exp(logit3)/(1 + exp(logit3)).
compute delta4 = exp(logit4)/(1 + exp(logit4)).
 * freq/var = delta0 delta1 delta2 delta3 delta4.
***** 现在需要德尔塔的互补以用于降序 logit 关联 ****
compute compd0 = 1 - delta0.
compute compd1 = 1 - delta1.
compute compd2 = 1 - delta2.
compute compd3 = 1 - delta3.
compute compd4 = 1 - delta4.
compute compd5 = 1. 0.
 * freq/var = compd0 to compd5.
 * freq/var = p0 to p5.
compute p0 = compd0.
compute p1 = compd1 * (1 - p0).
compute p2 = compd2 * (1 - p0 - p1).
compute p3 = compd3 * (1 - p0 - p1 - p2).
compute p4 = compd4 * (1 - p0 - p1 - p2 - p3).
compute p5 = compd5 * (1 - p0 - p1 - p2 - p3 - p4).
***** 现在,将最大的类别概率作为选择预测的类别值的依据
compute maxphat = max(p0, p1, p2, p3, p4, p5).
compute predcls = 99.
if(maxphat = p0) predcls = 0.
if(maxphat = p1) predcls = 1.
if(maxphat = p2) predcls = 2.
if(maxphat = p3) predcls = 3.
if(maxphat = p4) predcls = 4.
if(rnaxphat = p5) predcls = 5.
freq/var = predcls.
CROSSTABS
    /TABLES = profread BY predcls
    /cells = count expected
    /FORMAT = AVALUE TABLES.
```

附录 4 ┃ 第 6 章

D1. 相邻类别（AC）模型

```
libname sagebook "C:\My Documents\research\ordinal new\sagebook\
ordinal sas stuff";

proc freq data = sagebook.gonomiss;
    tables plageent profread* gender;
run;

proc catmod data = sagebook.gonomiss;
    direct gender;
    response alogit out = acgender;
    model profread = _response_ gender/wls pred;
run;

proc contents data = acgender;
run;

data go; set acgender;
    odds = exp( - pred_) ;
    predprob = odds/(1 + odds);
run;

proc freq data = go;
    tables gender* _number_* predprob;
run;
```

D2. 虚无模型

```
proc catmod data = sagebook.gonomiss;
    population gender;
    response alogit out = nogender;
    model profread = _response_ /wls pred;
run;
```

D3. 二变量模型

```
data g02; set sagebook.gonomiss;
    if plageentle 62 then agecat = 1;
    if plageent gt 62 AND plageentle 68 then agecat = 2;
    if plageent gt 68 AND plageentle 74 then agecat = 3;
    if plageent gt 74 then agecat = 4;
run;

proc catmod data = go2;
    direct gender agecat;
    response alogit out = acfull;
    model profread = _response_ gender agecat/wls pred;
run;

proc contents data = acfull;
run;

data go3; set acfull;
    odds = exp(_pred_);
    predprob = odds/(1 + odds);
    obsodds = exp(_obs_);
    obsprob = obsodds/(1 + obsodds);
run;

proc corr data = go3;
    var obsprob predprob;
    var _obs_ _pred_;
run;
```

注释

[1] 进一步了解测量层次问题,请参阅克利夫(Cliff,1996b)以及阿格雷斯提和费雷的著作(Agresti & Finlay,1997)。

[2] 取得公共使用的 ECLS-K 数据的更多信息在网上可以查到:http://nces.ed.gov/ecls。

[3] 使用的是修改过的熟练度分数(C1RRPRF1 到 C1RRPRF5,等等)。

[4] ECLS-K 熟练度水平遵循一个古特曼模型(Guttman model),也就是通过某一特定技能的儿童被认为是掌握了所有较低的技能水平。在一年级秋季和春季数据中,仅有 5.5％的儿童的阅读没有遵循这种模式,6.6％的儿童的数学没有遵循该模式。NCES(2002)报告认为,这种模式也许更多是意味着这些学生是猜测的,而非意味着一种不同的习得顺序。在 ECLS-K 数据的三年级里,由 NCES 所决定的各个儿童最高熟练度分现在直接包括在数据集中;早些时候的数据集,包括本书中使用过的,仅包含了二分的熟练程度变量。对于响应模式不遵从古特曼模型的小部分学生,NCES 将他们的最高熟练度报告为"缺失"。然而,对于这里使用的数据,作者对某一儿童掌握(或者没有掌握)某一最高定序熟练度分数的指派是依据记录的 4 题答对 3 题的标准。

[5] 如一位评阅者提出的,将 ECLS-K 数据中得到的定序分数概念化为计数的过程也是可能的,也就是,一个计算儿童所通过的熟练度类别的个数(0 到 5,对于 ECLS-K 的一年级数据)。计数数据的模型,例如泊松或者负二项,也许是本书讨论的定序 logistic 模型的替代方法。然而,对于本书中分析的 ECLS-K 数据,这些策略也有一些局限,包括泊松过程中事件之间的独立性假设,不同学生间掌握度的同质性假设,一年级数据可能数目的上限等。随着三年级数据集的释出,将熟练度类别扩展到 13(包括原始的 0 到 5 级熟练度),泊松回归过程的应用也许是理解影响儿童学习的因素的另外一种方法。如果能够参考朗(Long,1997)等人提到的对泊松回归过程的发展和应用信息中的不同的计数过程,那些基于定序数据研究的读者也许能够概念化得更好。

[6] 变异和饱和模型的讨论在这里多少有些简化。实际上,的确有若干定义饱和模型的方法,得到不同的变异值。

[7] 参见霍斯默和莱默苏(Hosmer & Lemeshow,2000:147—156)以获得更多的关于 H-L 测试效能的信息,也有关于其他模型拟合检验的

讨论。

[8] 作为关联的测量，Somers'D 既有对称形式也有非对称形式。SAS 的 LOGISTIC 过程计算并展示 $D_{x,y}$ 而非 $D_{y,x}$，也就是，计算 Somers'D 时预测概率被作为因变量对待，篇幅原因不再详述该统计量不同形式间的差异。细节可以参考利贝特劳（Liebetrau，1983）、彭和尼科尔斯（Peng & Nichols，2003）以及彭和苏（Peng & So，1998）等人的研究。

[9] SPSS 执行的是全似然比检验，而非比例比数假设的分数检验；分数检验实际上近似于全似然比检验（D. Nichols，个人通信，2004）。

参考文献

AGRESTI, A. (1989). Tutorial on modeling ordered categorical response data. *Psychological Bulletin*, *105*(*2*), 290—301.

AGRESTI, A. (1990). *Categorical Data Analysis*. New York: John Wiley & Sons.

AGRESTI, A. (1996). *An Introduction to Categorical Data Analysis*. New York: John Wiley & Sons.

AGRESTI, A., & FINLAY, B. (1997). *Statistical Methods for the Social Sciences*(3rd ed.). Upper Saddle River, NJ: Prentice Hall.

ALLISON, P. D. (1995). *Survival Analysis Using SAS: A Practical Guide*. Cary, NC: SAS Institute.

ALLISON, P. D. (1999). *Logistic Regression Using the SAS System: Theory and Application*. Cary, NC: SAS Institute.

ANANTH, C. V., & KLEINBAUM, D. G. (1997). Regression models for ordinal responses: A review of methods and applications. *International Journal of Epidemiology*, *26*(*6*), 1323—1333.

ANDERSON, J. A. (1984). Regression and ordered categorical variables [with discussion]. *Journal of the Royal Statistical Society*, *Series B*, *46*, 1—40.

ARMSTRONG, B. G., & SLOAN, M. (1989). Ordinal regression models for epidemiological data. *American Journal of Epidemiology*, *129*(1), 191—204.

BENDER, R., & BENNER, A. (2000). Calculating ordinal regression models in SAS and S-Plus. *Biometrical Journal*, *42*(6), 677—699.

BENDER, R., & GROUVEN, U. (1998). Using binary logistic regression models for ordinal data with non-proportional odds. *Journal of Clinical Epidemiology*, *51*(10), 809—816.

BOROOAH, V. K. (2002). *Logit and Probit: Ordered and Multinomial Models*. Thousand Oaks, CA: Sage.

BRANT, R. (1990). Assessing proportionality in the proportional odds model for ordinal logistic regression. *Biometrics*, *46*, 1171—1178.

Center for the Improvement of Early Reading Achievement. (2001). *Put Reading First: The Research Building Blocks for Teaching Children to Read, Kindergarten through Grade 3*. Washington, DC: Government Printing Office.

CIZEK, G. I. , & FITZGERALD, S. M. (1999). An introduction to logistic regression. *Measurement and Evaluation in Counseling and Development*, 31, 223—245.

CLIFF, N. (1993). What is and isn't measurement. In G. Keren & C. Lewis (Eds.), *A Handbook for Data Analysis in the Social and Behavioral Sciences: Methodological Issues* (pp. 59—93). Hillsdale, NJ: Lawrence Erlbaum Associates.

CLIFF, N. (1994). Predicting ordinal relations. *British Journal of Mathematical and Statistical Psychology*, 47, 127—150.

CLIFF, N. (1996a). Answering ordinal questions with ordinal data using ordinal statistics. *Multivariate Behavioral Research*, 3(3), 331—350.

CLIFF, N. (1996b). *Ordinal Methods for Behavioral Data Analysis*. Mahwah, NJ: Lawrence Erlbaum Associates.

CLIFF, N. , & KEATS, J. A. (2003). *Ordinal Measurement in the Behavioral Sciences*. Mahwah, NJ: Lawrence Erlbaum Associates.

CLOGG, C. C. , & SHIHADEH, E. S. (1994). *Statistical Models for Ordinal Variables*. Thousand Oaks, CA: Sage.

COLE, S. R. , & ANANTH, C. V. (2001). Regression models for unconstrained, partially or fully constrained continuation odds ratios. *International Journal of Epidemiology*, 30, 1379—1382.

COX, C. (1988). Multinomial regression models based on continuation ratios. *Statistics in Medicine*, 7, 435—441.

COX, D. R. (1972). Regression models and life tables [with discussion]. *Journal of the Royal Statistical Society B*, 74, 187—220.

DEMARIS, A. (1992). *Logit Modeling* (Quantitative Applications in the Social Sciences, No. 86). Newbury Park, CA: Sage.

FOX, J. (1997). *Applied Regression Analysis, Linear Models, and Related Methods*. Thousand Oaks, CA: Sage.

GIBBONS, J. D. (1993). *Nonparametric Measures of Association* (Quantitative Applications in the Social Sciences, No. 91). Newbury Park, CA: Sage.

GOLDSTEIN, H. , RASBASH, J. , PLEWIS, I. , DRAPER, D. , BROWNE, W. , YANG, M. , et al. (1998). *A User's Guide to MLwiN*. London: Multilevel Models Project, Institute of Education, University of London.

GOODMAN, L. A. (1979). Simple models for the analysis of association in cross-classifications having ordered categories. *Journal of the American Statistical Association*, 74, 537—552.

GOODMAN, L. A. (1983). The analysis of dependence in cross-classifications having ordered categories, using loglinear models for frequencies and log-linear models for odds. *Biometrics*, 39, 149—160.

GREENLAND, S. (1994). Alternative models for ordinal logistic regression. *Statistics in Medicine*, 13, 1665—1677.

GRISSOM, R. J. (1994). Statistical analysis of ordinal categorical status after therapy. *Journal of Consulting and Clinical Psychology*, 62(2), 281—284.

GUTTMAN, L. A. (1954). A new approach to factor analysis: The radix. In P. F. Lazarsfeld(Ed.), *Mathematical Thinking in the Social Sciences* (pp. 258—348). New York: Columbia University Press.

HALL, G. E. , & HORD, S. M. (1984). *Change in Schools: Facilitating the Process*. Albany: State University of New York Press.

HEDEKER, D. , & GIBBONS, R. D. (1996). MIXOR: A computer program for mixed effects ordinal regression analysis. *Computer Methods and Programs in Biomedicine*, 49, 57—176.

HEDEKER, D. , & MERMELSTEIN, R. J. (1998). A multilevel thresholds of change model for analysis of stages of change data. *Multivariate Behavioral Research*, 33(4), 427—455.

HOSMER, D. W. , & LEMESHOW, S. (1989). *Applied Logistic Regression*. New York: John Wiley & Sons.

HOSMER, D. W. , & LEMESHOW, S. (2000). *Applied Logistic Regression*(2nd ed.). New York: John Wiley & Sons.

HUYNH, C. L. (2002, April). *Regression Models of Ordinal Response Data : Analytic Methods and Goodness-of-fit Tests*. Paper presented at the annual meeting of the American Educational Research Association, New Orleans, LA.

ISHII-KUNTZ, M. (1994). *Ordinal Log-linear Models*(Quantitative Applications in the Social Sciences, No. 97). Thousand Oaks, CA: Sage.

JENNINGS, D. E. (1986). Judging inference adequacy in logistic regression. *Journal of the American Statistical Association*, 81, 471—476.

JOHNSON, R. A. , & WICHERN, D. W. (1998). *Applied Multivariate Statistical Analysis*(4th ed.). Upper Saddle River, NJ: Prentice Hall.

JORESKOG, K. G. , & SORBOM, D. (1996). *LISREL 8 User's Reference Guide*. Chicago: Scientific Software International.

KNAPP, T. R. (1999). Focus on quantitative methods: The analysis of the data for two-way contingency tables. *Research in Nursing and Health*, 22, 263—268.

KOCH, G. G. , AMARA, I. A. , & SINGER, J. M. (1985). A two-stage procedure for the analysis of ordinal categorical data. In P. K. Sen (Ed.), *Biostatistics: Statistics in biomedical*, *Public Health and Environmental Sciences* (pp. 357—387). Amsterdam: North Holland.

KRANTZ, D. H. , LUCE, R. D. , SUPPES, P. , & TVERSKY, A. (1971). *Foundations of Measurement: Vol. I. Additive and Polynomial Representations*. New York: Academic Press.

LÄÄRÄ, E. , & MATTHEWS, J. N. S. (1985). The equivalence of two models for ordinal data. *Biometrika*, 72(1), 206—207.

LIANG, K. Y. , & ZEGER, S. L. (1986). Longitudinal data analysis using generalized linear models. *Biometrika*, 73, 13—22.

LIAO, T. F. (1994). *Interpreting Probability Models* (Quantitative Applications in the Social Sciences, No. 101). Thousand Oaks, CA: Sage.

LIEBETRAU, A. M. (1983). *Measures of Association* (Quantitative Applications in the Social Sciences, No. 32). Beverly Hills, CA: Sage.

LONG, J. S. (1997). *Regression Models for Categorical and Limited Dependent Variables*. Thousand Oaks, CA: Sage.

LONG, J. S. , & FREESE, J. (2003). *Regression Models for Categorical Dependent Variables Using STATA* (rev. ed.). College Station, TX: Stata.

McCULLAGH, P. (1980). Regression models with ordinal data [with discussion]. *Journal of the Royal Statistical Society*, B, 42, 109—142.

McCULLAGH, P. , & NELDER, I. A. (1983). *Generalized Linear Models*. London: Chapman and Hall.

McCULLAGH, P. , & NELDER, J. A. (1989). *Generalized Linear Models* (2nd ed.). London: Chapman and Hall/CRC Press.

McFADDEN, D. (1973). Conditional logit analysis of qualitative choice behavior. In P. Zarembka (Ed.), *Frontiers of Econometrics* (pp. 105—142). New York: Academic Press.

MENARD, S. (1995). *Applied Logistic Regression Analysis*. Thousand Oaks, CA: Sage.

MENARD, S. (2000). Coefficients of determination for multiple logistic regression analysis. *The American Statistician*, 54(1), 17—24.

National Center for Education Statistics. (2000). *America's Kindergarteners*. Retrieved from www. nces. ed. gov/pubsearchlpubsinfo. asp? pubid =2000070.

National Center for Education Statistics. (2002). *User's Manual for the ECLS-K First Grade Public-use Data Files and Electronic Codebook*. Retrieved from www. nces. ed. gov/pubsearch/pubsinfo. asp? pubid =2002135.

NESS, M. E. (1995). Methods, plainly speaking: Ordinal positions and scale values of probability terms as estimated by three methods. *Measurement and Evaluation in Counseling and Development*, 28, 152—161.

O'CONNELL, A. A. (2000). Methods for modeling ordinal outcome variables. *Measurement and Evaluation in Counseling and Development*, 33 (3), 170—193.

O'CONNELL, A. A. , McCOACH, D. B. , LEVITT, H. , &. HORNER, S. (2003, April). *Modeling Longitudinal Ordinal Response Variables for Educational Data*. Paper presented at the 84th annual meeting of the American Educational Research Association, Chicago, IL.

PAMPEL, E C. (2000). *Logistic Regression: A Primer*. Thousand Oaks, CA: Sage.

PENG, C. Y. J. , &. NICHOLS, R. N. (2003). Using multinomial logistic models to predict adolescent behavioral risk. *Journal of Modern Applied Statistical Methods*, 2(1), 1—13.

PENG, C. Y. J. , &. SO, T. S. H. (1998). If there is a will, there is a way: Getting around the defaults of PROC LOGISTIC. In *Proceedings of the MidWest SAS Users Group 1998 Conference*(pp. 243—252). Retrieved from http://php. indiana. edu/-tso/articles/mwsug98. pdf.

PETERSON, B. L. , &. HARRELL, E. E. (1990). Partial proportional odds models for ordinal response variables. *Applied Statistics*, 39(3), 205—217.

PLOTNIKOFF, R. , BLANCHARD, C. , HOTZ, S. , &. RHODES, R. (2001). Validation of the decisional balance scales in the exercise domain from the transtheoretical model. *Measurement in Physical Education and Exercise Science*, 5(4), 191—206.

PROCHASKA, J. O. , & DICLEMENTE, C. C. (1983). Stages and processes of self-change of smoking: Toward an integrative model. *Journal of Consulting and Clinical Psychology*, 51(3), 390—395.

PROCHASKA, J. O. , & DICLEMENTE, C. C. (1986). Towards a comprehensive model of change. In W. R. Miller & N. Heather (Eds.), *Treating addictive behaviors: Processes of change* (pp. 3—27). New York: Plenum.

PROCHASKA, J. O. , DICLEMENTE, C. C. , & NORCROSS, J. C. (1992). In search of how people change: Applications to addictive behavior. *American Psychologist*, *47(9)*, 1102—1114.

RAUDENBUSH, S. , BRYK, A. , CHEONG, Y. E. , & CONGDON, R. (2000). *HLM* 5: *Hierarchical Linear and Nonlinear Modeling*. Lincolnwood, IL: Scientific Software International.

SIMONOFF, J. S. (1998). Logistic regression, categorical predictors, and goodness of fit: It depends on who you ask. *American Statistician*, 52 (1), 10—14.

SINGER, J. D. , & WILLETT, J. B. (2003). *Applied Longitudinal Data Analysis: Modeling Change and Event Occurrence*. New York: Oxford University Press.

SNOW, C. E. , BURNS, M. S. , & GRIFFIN, P. (Eds.). (1998). *Preventing Reading Difficulties in Young Children*. Washington, DC: National Academy Press.

STARK, M. J. , TESSELAAR, H. M. , O'CONNELL, A. A. , PERSON, B. , GALAVOTTI, C. , COHEN, A. , et al. (1998). Psychosocial factors associated with the stages of change for condom use among women at risk for HIV/STDs: Implications for intervention development. *Journal of Consulting and Clinical Psychology*, 66(6), 967—978.

Statistical Analysis System. (1997). *SAS/STAT Software: Changes and Enhancements Through Release* 6. 12. Cary, NC: Author.

Statistical Analysis System. (1999). *SAS Onlinedoc Version* 8. Retrieved from http://v8doc. sas. com/sashtml/.

STEVENS, S. S. (1946). On the theory of scales of measurement. *Science*, *103(2684)*, 677—680.

STEVENS, S. S. (1951). Mathematics, measurement, and psychophysics. In S. S. Stevens(Ed.), *Handbook of Experimental Psychology* (pp. 1—49). New York: Wiley.

STOKES, M. E. , DAVIS, C. S. , &- KOCH, G. G. (2000). *Categorical Analysis Using the SAS System* (2nd ed.). Cary, NC: SAS Institute.

TABACHNICK, B. G. , &- FIDELL, L. S. (2001). *Using Multivariate Statistics* (4th ed). Boston: Allyn &- Bacon.

VAN DEN BERG, R. , SLEEGERS, P. , GEIJSEL, E. , &- VANDENBERGHE, R. (2000). Implementation of an innovation: Meeting the concerns of teachers. *Studies in Educational Evaluation*, 26, 331—350.

WEST, J. , DENTON, K. , &- GERMINO-HAUSKEN, E. (2000). *America's Kindergarteners: Findings from the Early Childhood Longitudinal Study, Kindergarten Class of 1998—1999: Fall 1998* (NCES 2000—070). Washington, DC: U. S. Department of Education, National Center for Education Statistics.

ZILL, N. , &- WEST, I. (2001). *Entering Kindergarten: A Portrait of American Children When They Begin School* (NCES 2001—035). Washington, DC: National Center for Education Statistics.

译名对照表

adjacent categories(AC) model	相邻类别模型
model fit assessment	模型拟合评估
assumption of parallelism	平行性假设
assumption of proportional or parallel odds	比例的或者平行的比数假设
chi-square statistic	卡方统计量
choice of link and equivalence of two clog-log models	关联的选择和两种互补双对数模型的等价
clog-log link function	互补双对数关联函数
clog-log link model	互补双对数关联模型
conditional probabilities	条件概率
conditionally independent	条件独立
continuation ratio(CR)	连续比例
continuation ratio model	连续比例模型
cumulative odds(CO)	累积比数
directionality of responses and formation of continuation ratios	响应的方向性和连续比例的形成
early childhood longitudinal study	儿童早期追踪研究
equal slopes assumption	等斜率假设
equal slopes assumption test	等斜率假设检验
full adjacent categories(AC) model	全相邻类别模型
full-model analyses	全模型分析
full-model analysis for cumulative odds	累积比数的全模型分析
full-model continuation ratio analyses	全模型连续比例分析
generalized estimating equations(GEE)	一般估计方程
goodness of fit	拟合优度
graphical methods	作图方法
hazard(s)	风险
illness severity categories	疾病严重度类别
interval-level	定距水平
linearity and proportional odds	线性和比例比数
link functions	关联函数

logistic regression	logistic 回归
log-likelihood(LL)	对数似然
maximum likelihood(ML) estimates	极大似然估计
McFadden's pseudo R2	麦克法登虚拟 R2
model fit statistics	模型拟合统计量
multilevel structured	多层次结构化的
multinomial models	多分类模型
multiple regression(MR) analysis	多元回归分析
nominal-level	名义水平
null models	虚无模型
odds ratios	比数比
ordinal data	定序数据
parallel slopes assumption	平行斜率假设
partial proportional odds(PPO) model	偏比例比数模型
phonemic awareness	语音语韵觉识
probabilities of interest	兴趣概率
proficiency scores	熟练度分数
proportional hazards model	比例风险模型
ratio-level	定比水平
residual diagnostic	残差诊断
Somers' D	萨摩的 D 系数
stages-of-change models	阶段改变模型
absolute zero-points	绝对的零点

图书在版编目(CIP)数据

定序因变量的 logistic 回归模型 /（美）安·A.奥康
奈尔著；赵亮员译.—上海：格致出版社：上海人民
出版社，2018.7（2022.6 重印）
（格致方法·定量研究系列）
ISBN 978-7-5432-2878-8

Ⅰ.①定… Ⅱ.①安… ②赵… Ⅲ.①回归分析-统
计模型-研究 Ⅳ.①O212.1

中国版本图书馆 CIP 数据核字（2018）第 110831 号

责任编辑 贺俊逸

格致方法·定量研究系列

定序因变量的 logistic 回归模型
［美］安·A.奥康奈尔 著
赵亮员 译

出　　版　格致出版社
　　　　　上海人民出版社
　　　　　（201101　上海市闵行区号景路 159 弄 C 座）
发　　行　上海人民出版社发行中心
印　　刷　浙江临安曙光印务有限公司
开　　本　920×1168　1/32
印　　张　5.75
字　　数　118,000
版　　次　2018 年 7 月第 1 版
印　　次　2022 年 6 月第 2 次印刷
ISBN 978-7-5432-2878-8/C·204
定　　价　35.00 元

格致方法·定量研究系列